Sitzungsberichte der
Akademie der Wissenschaften
der DDR
Mathematik – Naturwissenschaften – Technik

10 N
1975

Günter Kelbg/Hans-Joachim Bittrich

Stand der Theorie der Flüssigkeiten und ihre Anwendung

AKADEMIE-VERLAG · BERLIN

Sitzungsberichte der
Akademie der Wissenschaften der DDR — Jahrgang 10 N/1975
Mathematik — Naturwissenschaften — Technik

Günter Kelbg/Hans-Joachim Bittrich

Stand der Theorie der Flüssigkeiten und ihre Anwendung

AKADEMIE-VERLAG · BERLIN

Vorträge von Günter Kelbg,
Ordentliches Mitglied der Akademie der Wissenschaften der DDR
und Prof. Dr. Hans-Joachim Bittrich,
Sektion Verfahrenschemie der Technischen
Hochschule Leuna-Merseburg,
gehalten in der Sitzung der Klasse Chemie am
9. Mai 1974

Herausgegeben im Auftrage des Präsidenten
der Akademie der Wissenschaften der DDR
von Vizepräsident Prof Dr. Heinrich Scheel

Erschienen im Akademie-Verlag, 108 Berlin, Leipziger Str. 3 – 4

Lizenznummer: 202 · 100/287/75
Gesamtherstellung: VEB Druckhaus Köthen
Bestellnummer: 7528873 (2010/75/10/N) · LSV 1215
Printed in GDR
EVP 5,50

Inhalt

Günter Kelbg
Einfache Flüssigkeiten 5

Hans Joachim Bittrich
Mischung einfacher Flüssigkeiten 27

Günter Kelbg

Einfache Flüssigkeiten

1. Einleitung

Jede ernsthafte Theorie der Flüssigkeiten basiert auf dem molekularen Modell. Die Hauptaufgabe der Theorie ist daher die Klärung der Zusammenhänge zwischen dem Mechanismus der zwischenmolekularen Wechselwirkungen des Vielteilchensystems, der sich einstellenden Struktur und der Molekulardynamik und den vielfältigen physikalischen Eigenschaften einschließlich Grenzflächenerscheinungen und Phasenumwandlungen.

Für die Chemie und die Molekularbiologie sind zusätzlich noch Fragen der chemischen Reaktionen in flüssigen Phasen von großer Bedeutung. Die Theorie des flüssigen Aggregatzustandes ist sehr verwickelt. Dies liegt daran, daß für Struktur und Molekularbewegung keine einfachen Grund-Modelle angegeben werden können. Die Entwicklung des Wissenschaftsgebietes ging daher in der Vergangenheit recht langsam vor sich.

In der Gleichgewichtstheorie steht heute die Strukturfrage im Vordergrund. Ferner interessiert man sich für die thermodynamischen Eigenschaften der Flüssigkeiten in der Nähe des Tripelpunktes und des kritischen Punktes.

Ein erster entscheidender Schritt in der Theorie der Flüssigkeiten wurde vor rund 100 Jahren von van der Waals [1] gemacht. Seine Vorstellungen über das Zustandekommen der flüssigen Phase sind heute noch gültig. Er erkannte, daß die Struktur einer Flüssigkeit im wesentlichen von den kurzreichenden abstoßenden Kräften zwischen den Molekülen bestimmt wird, und die flüssige Phase selbst erst durch das Wirken zusätzlicher anziehender Kräfte zustande kommt.

Lange Zeit konnten nur geringe Fortschritte in der weiteren theoretischen Durchdringung des Wissenschaftsgebietes gemacht werden. Um die 30iger Jahre setzte eine stärkere Entwicklung ein, auf Grund neuer zugkräftiger Verfahren der statistischen Mechanik und der Theorie realer Gase. Von den Verfahren profitierten allerdings nicht so sehr die reinen Flüssigkeiten, sondern die elektrolytischen Lösungen. Debye-Onsager-Falken-

HAGEN sind die Pioniere auf diesem Sektor. Auf dem Gebiet der reinen Flüssigkeiten kamen einige einfache Strukturmodelle zum Tragen, die mehr oder weniger Teilaspekte der flüssigen Phase beschreiben konnten.

Der weitere Fortschritt der statistischen Mechanik um die 50iger Jahre gab neue Impulse für die Theorie der Flüssigkeiten. Den entscheidenden Schritt nach vorne konnte man allerdings erst durch den Einsatz von Computern machen. A. RAHMAN [2] zeigte die sich ergebenden Möglichkeiten auf.

Heute werden flüssige Phasen mit Erfolg auf breiter Front erforscht, da die Voraussetzungen dazu gegeben sind. Allerdings sind die Verfahren recht aufwendig. Wir können folgendes feststellen:

1. Es steht ein gut entwickelter Apparat der statistischen Mechanik des Gleichgewichtes zur Verfügung.

2. Moderne Computer sind so leistungsstark, daß komplizierte statistische Gleichungen ausgewertet werden können. Darüber hinaus besteht die Möglichkeit, Computerexperimente durchzuführen.

3. Zur Strukturuntersuchung stehen leistungsstarke Röntgenanlagen und Neutronenquellen für Präzisionsmessungen zur Verfügung. Vergleiche zwischen Theorie und Experiment liefern viele wichtige Informationen und Hinweise zur Verbesserung der Modellvorstellungen.

Noch ist die Zahl der untersuchten Stoffe gering. Die Theorie vermag einen guten Einblick in das Verhalten folgender Systeme zu geben:

1. Systeme starrer Kugeln [3] und Sphärozylinder [4].

2. LENNARD-JONES-Systeme (Modell für Edelgase [2], [5] Ne, Ar, Kr, Xe und einatomige Flüssigkeiten) und eine Reihe anderer einfacher Flüssigkeiten.

3. Einfache mehratomige Flüssigkeiten.

CO-Modell [6] mit erweitertem STOCKMAYER-Potential und H_2O-Modell [7] mit dem effektiven 4 Ladungspunkte-Potential.

4. Systeme mit Coulombwechselwirkung (flüssige Metalle [8] und elektrolytische Lösungen [9] und Potenzpotentialfunktionen $1/r^n$ [10].

Bei Flüssigkeiten sind im Hinblick auf die Struktur und die Molekulardynamik gewisse Züge der benachbarten Aggregatzustände, nämlich der gasförmigen und der festen Phase realisiert.

Im Vergleich zu Gasen sind die Moleküle jedoch dichter gepackt und stärker miteinander korreliert, wodurch bei der molekularen Struktur eine ausgeprägte Nahordnung hervorgerufen wird.

Im Gegensatz zu Festkörpern sind die Moleküle trotz dichter Packung nicht lokalisiert und führen neben Schwingungen verwickelte Translationsbewegungen aus.

Diese Besonderheiten geben uns zwei Ausgangspunkte für Flüssigkeitstheorien:

1. Erweiterung der statistischen Formeln für die gasförmige Phase im Hinblick auf höhere Dichten und stärkere Teilchenkorrelationen.
2. Aufbau von Strukturmodellen im Anschluß an Festkörpermodelle mit Korrelationsminderung und Delokalisierung der Teilchen.

2. Zwischenmolekuläre Kräfte

In alle Flüssigkeitstheorien gehen auf Grund des molekularen Modells als wichtigste Informationsgrößen die zwischenmolekularen Kräfte ein. Sie bestimmen Struktur und Molekulardynamik und die makroskopischen Eigenschaften.

Zum Aufbau einer Theorie müssen wir bestimmte Annahmen über die Moleküle machen. Das sind im allgemeinen folgende:

1. Alle Moleküle des Systems bleiben permanent in ihren quantenmechanischen Grundzuständen.
2. Die Moleküle sind starre asymmetrische Rotatoren. In diesem Fall reduziert sich die Zahl der Freiheitsgrade pro Molekül auf 6.
3. Die potentielle Energie der Molekülgesamtheit baut sich additiv aus Zwei- und Dreikörperpotentialen auf.

$$H_N = \frac{1}{2m}\sum_{j=1}^{N} p_j^2 + \frac{1}{2}\sum_{i=1}^{N} \mathfrak{w}_i \cdot \theta \cdot \mathfrak{w}_j + U_N\,(q_1, q_2, \ldots, q_N) \tag{1}$$

$$U_N = \sum_{i<j} U^{(2)}\,(q_i, q_j) + \sum_{i<j<k} U^3(q_i, q_j, q_k) \tag{2}$$

$$\begin{aligned} U^{(2)} &= u_2(q_1, q_2); \quad U^{(3)} = u_3(q_1, q_2, q_3) - u_2(q_1, q_2) - \\ &- u_2\,(q_1, q_3) - u_2(q_2, q_3) \end{aligned} \tag{3}$$

Bemerkenswert ist, daß einfache Flüssigkeiten sich bereits durch effektive Zweikörperpotentiale ganz gut beschreiben lassen. (Siehe Abb. 1.)

Informationen über die Paarpotentiale lassen sich auf verschiedenen Wegen erhalten:

1. Theoretische Berechnung mittels der Quantenmechanik und Elektrodynamik. Anwendung halbempirischer Methoden.
2. Dateninversion auf Grund theoretischer Formeln für Virial- und Transportkoeffizienten.

Lösung von Integralgleichungen für radiale Verteilungsfunktionen und Nutzung der Ergebnisse von Streuexperimenten.

3. Datenanalysen von spektroskopischen und Relaxationsmessungen. Ermittlung der differentiellen Wirkungsquerschnitte bei Molekular-Streuexperimenten.

4. Durchführung von Computerexperimenten an Modellsystemen.

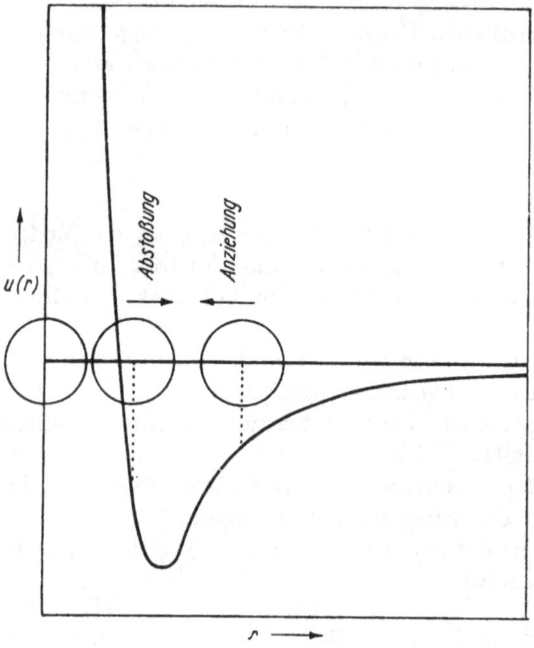

Abb. 1. Typischer Verlauf eines kugelsymmetrischen Zweikörperpotentials.

Schwieriger sind die Dreikörperkräfte zu ermitteln, die z. B. bei Ar in der Nähe des Tripel-Punktes die innere Energie und den Druck um etwa 6% verändern.

Sie beruhen auf dem nichtadditiven Überlappungseffekt der Elektronenhüllen von 3 zusammentretenden Atomen im Bereich kleiner Abstände. Die etwas weiter reichenden Anteile rühren von Tripel-Dipol-Dispersionskräften her.

3. Bemerkungen zur statistisch mechanischen Theorie der Flüssigkeiten

Man hat große Anstrengungen unternommen, die Theorie realer Gase auf Flüssigkeiten auszudehnen. Anknüpfungspunkte sind:

1. Cluster-Integral-Entwicklungen des Zustandsintegrals.
2. Integralgleichungen für die radialen Verteilungsfunktionen.

Die Erfahrung zeigt, daß es keine einfache analytische Theorie des flüssigen Aggregatzustandes gibt. Man benötigt entweder sehr komplizierte Clusterfamilien für das Zustandsintegral bzw. sehr verwickelte nichtlineare Integralgleichungen.

Würde es gelingen, die radialen Verteilungsfunktionen $g_2(r)$ zu berechnen, könnte man nach der Virialgleichung, Kompressibilitätsgleichung oder Druckgleichung zu den thermodynamischen Eigenschaften kommen. Es gelten nämlich folgende Beziehungen:

$$p = n \mathfrak{k} T - \frac{2}{3} \pi n^2 \mathfrak{k} T \int_0^\infty \frac{du(r)}{dr} g_2(r) \, r^3 dr \qquad \text{(Druck-Gl.)} \qquad (4)$$

$$\mathfrak{k} T \left(\frac{dp}{dn}\right)^{-1} = 1 + 4\pi n \int_0^\infty \{g_2(r) - 1\} \, r^2 dr \qquad \text{(Kompressibilitäts-Gl.)} \qquad (5)$$

$$U = \frac{3}{2} \mathfrak{k} N T + 2\pi n N \int_0^\infty u(r) \, g_2(r) \, dr \qquad \text{(Energie-Gl.)} \qquad (6)$$

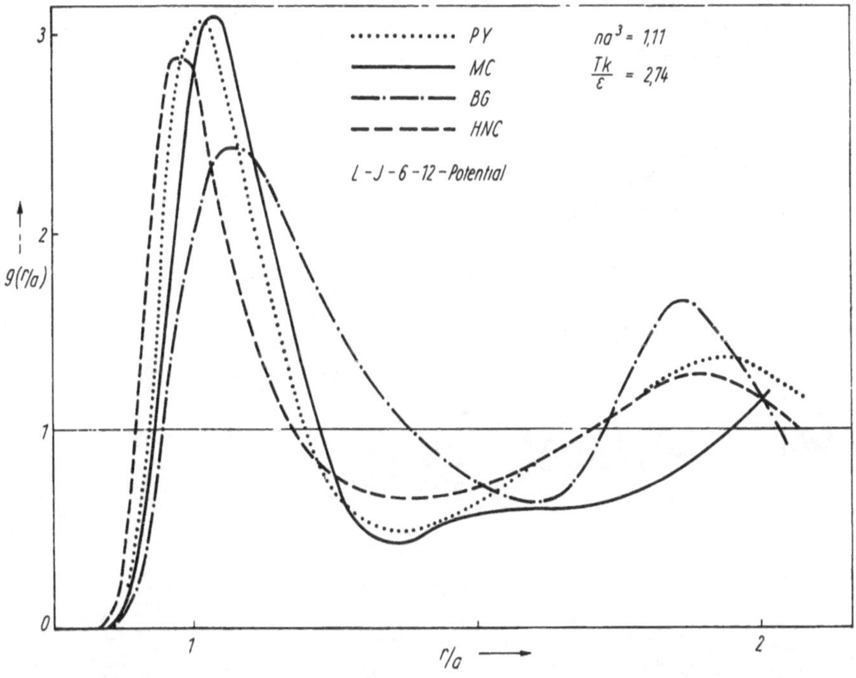

Abb. 2. Verschiedene Näherungsrechnungen für die radiale Verteilungsfunktion eines LENNARD-JONES-Systems nach BROYLES, CHUNG u. SAHLIN [20].

In der Vergangenheit wurde eine Reihe einfacher nichtlinearer Integralgleichungen zur Berechnung von $g_2(r)$ herangezogen. In diesem Zusammenhang sind als wichtigste die folgenden zu nennen:

1. Born-Green-Bogoljubov-Gleichung (BG-Gl.)
2. Kirkwood-Gleichung (K-Gl.)
3. Percus-Yevick-Gleichung (PY-Gl.)
4. Hyper-Netzketten-Gleichung (HNC-Gl.)

In der Abb. 2 werden die Lösungen der BG-, PY- und HNC-Gleichung mit Monte-Carlo-Rechnungen für ein Lennard-Jones-System höherer Dichte verglichen [20]. Die Streuungen zeigen, daß man von befriedigenden Resultaten nicht sprechen kann.

Nur ein höherer Aufwand kann hier weiterhelfen. Verbesserte Integralgleichungen lassen sich über das Verfahren von Funktional-Taylorreihen nach dem Wechselwirkungspotential erhalten. Es entstehen z. B. die PY-2 bzw. HNC-2-Gleichungs-Systeme, die sowohl g_2 als auch g_3 enthalten. Ihre Behandlung ist nur mit EDV-Anlagen möglich und recht aufwendig.

In der Abb. 3 ist für ein Lennard-Jones-System der Druck mit Hilfe der PY-1-Gleichung nach den Beziehungen (4), (5) ermittelt worden [21].

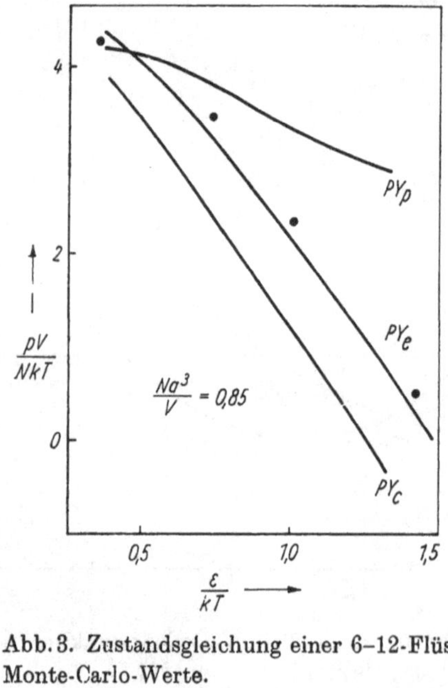

Abb. 3. Zustandsgleichung einer 6–12-Flüssigkeit nach Barker u. Henderson [21] Monte-Carlo-Werte.

Wir sehen, daß auch für die Zustandsgleichung wegen der großen Näherungen keine Konsistenz besteht und die Energie-Gleichung im Vergleich zu den Monte-Carlo-Werten für das L-J-System die besten Resultate liefert.

4. Störungstheorie der Flüssigkeiten

Die Störungstheorie der Flüssigkeiten beruht darauf, daß das zwischenmolekulare Potential $u(r)$ in zwei Anteile zerlegt wird

$$u(r) = u_0(r) + \lambda u^*(r), \qquad 0 \leqq \lambda \leqq 1 \tag{7}$$

$\lambda = 0$ gibt das zwischenmolekulare Potential des Referenzsystems an, das entweder experimentell oder durch einen Computer erforscht wird. Die Eigenschaften des zu untersuchenden Systems mit $\lambda = 1$ werden durch eine Störungsrechnung nach Potenzen in λ erfaßt. Zum Beispiel gilt eine Entwicklung der freien Energie F

$$F = F_0 + 2\pi n \int_0^\infty u^*(r)\, g_0(r)\, r^2 dr + F_2 + \cdots \tag{8}$$

Bei entsprechender Zerlegung des Potentials konvergiert die Reihe sehr rasch. Damit kann eine ganze Klasse von Systemen in Umgebung eines Referenzsystems erfaßt werden. Als Ausgangspunkt dienen sehr oft Systeme starrer Kugeln, die recht gut bekannt sind. Es gibt auch Störungstheorien für die radialen Verteilungsfunktionen [13] und Flüssigkeitsmischungen [14].

5. Strukturmodelle

Seit längerer Zeit gibt es Flüssigkeitstheorien, die auf vereinfachten Strukturmodellen beruhen und meistens von Festkörperstrukturelementen ausgehen. Hierzu gehören die folgenden Gitter- und Zellentheorien [10]:

1. Die Zellentheorien von H. Eyring und J. O. Hirschfelder und Lennard-Jones u. Devenshire.
2. Die Tunneltheorie von J. A. Barker.
3. Die signifikante Strukturtheorie von H. Eyring und Mitarbeitern.
4. Die Bernal-Theorie [11], die an die ungeordnete Packung starrer Kugeln anknüpft.
5. Die Theorie von Hoseman [12] u. Mitarbeitern, in der ein Parakristall-Modell verwendet wird.

Wir können feststellen, daß diese Modellvorstellungen in der Lage sind, Teilaspekte der Eigenschaften flüssiger Phasen wiederzugeben. Die Gesamtheit der Flüssigkeitseigenschaften vermögen sie aber nicht befriedigend zu erfassen.

6. *Einsatz moderner Rechenanlagen in der Theorie der Flüssigkeiten*

Die Erkenntnisgewinnung auf dem Forschungsgebiet der Flüssigkeiten erfolgt heute in drei Richtungen:

1. Anwendung moderner Methoden der statistischen Mechanik.
2. Nutzung neuer verfeinerter Experimentiertechniken.
3. Computerexperimente an Modellsystemen.

Moderne Rechenanlagen werden heute nicht nur dazu verwendet, um Formeln auszuwerten und Gleichungen zu lösen, sondern mit ihrer Hilfe lassen sich Computerexperimente an Modellsystemen durchführen. Für alle der klassischen Mechanik unterliegenden Vielteilchensysteme erweist sich die Rechenmaschine als neue Erkenntnisquelle [15]. Sie liefert uns wichtige Informationen über Raumzeit-Strukturen komplexer Systeme. Gleichzeitig ist es möglich, analytische Theorien und die Güte von Approximationen zu testen.

Allerdings muß gesagt werden, daß Computerexperimente sehr kostspielig sind, da bei stark korrelierten Vielteilchensystemen lange Rechenzeiten benötigt werden. Zwei Rechenstrategien haben eine breite Anwendung gefunden:

1. Die Monte-Carlo-Methode oder die MC-Methode für Gleichgewichtseigenschaften
2. Die Molekulardynamik-Methode oder MD-Methode für Gleichgewichts- und Transporteigenschaften.

In beiden Fällen werden Systeme mit begrenzter Teilchenzahl und periodischen Randbedingungen untersucht, um die Randstörungen klein zu halten.

Meist benutzte Teilchenzahlen sind 64, 108, 216, 616, 864, 2392.

Zur MC-Methode: Es werden Mittelwerte über Phasenraumfunktionen berechnet. Dies geschieht mit Hilfe von Zufallszahlen, die eine Markowsche Kette erzeugen. Der Zufallsweg erzeugt die wahrscheinlichsten Phasenraumpunkte unter Beachtung bestimmter Übergangswahrscheinlichkeiten, einer Ergodizitätsbedingung und einer Stationaritätsbedingung. In der Nähe von Phasenumwandlungen treten Rechenschwierigkeiten auf infolge großer Schwankungen und der Schwierigkeit alle Regionen des Phasenraumes zu erfassen.

Zur MD-Methode: In diesem Fall werden die mechanischen Bewegungsgleichungen des Systems in Differenzenform explizit gelöst, und es werden die Phasenraumtrajektorien bestimmt. Diese Methode ist aufwendiger, liefert aber auch mehr Informationen und gestattet die Erfassung der Raum-Zeit-Struktur. Es lassen sich auch Informationen in der Nähe von Phasenumwandlungen erhalten. Diese Methode wird u.a. besonders dazu verwendet, um Aussagen über Zeitautokorrelationsfunktionen $\psi(t)$ zu gewinnen. Eine Fülle wichtiger Resultate, die eine große Bedeutung für die Theorie der Flüssigkeiten besitzen, konnte erarbeitet werden. Genauere Informationen über radiale Verteilungsfunktionen $g_2(r)$ und Geschwindigkeitsautokorrelationsfunktionen $\psi(t)$ für verschiedene Modellsysteme unterstützen sehr die theoretischen Vorstellungen.

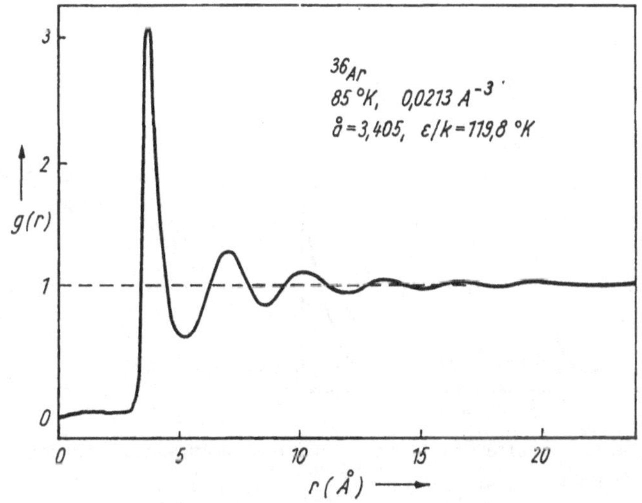

Abb. 4. Durch Neutronenstreuung ermittelte radiale Verteilungsfunktion von Argon nach Yarnell, Katz, Wenzel u. Koenig [22].

Den typischen Verlauf der radialen Verteilungsfunktion zeigt Abb. 4 [22]. Das abklingende wellenartige Verhalten deutet auf den Nahordnungseffekt hin. Resultate der Computerexperimente spiegeln dieses Verhalten sehr gut wieder.

Genauere Informationen über $\psi(t)$ hat uns die Computerrechnung von Rahman [2] gegeben.

In der Abb. 5 sind zunächst zwei Grenzfälle für den Verlauf der Geschwindigkeitsautokorrelationsfunktion

$$\psi(t) = \frac{\langle \mathfrak{v}(0) \cdot \mathfrak{v}(t) \rangle}{V^2} \tag{9}$$

und der Fouriertransformierten $F(w)$ dargestellt. Sie beziehen sich auf die LANGEVINsche Diffusionsbewegung und die reine Oszillatorbewegung.

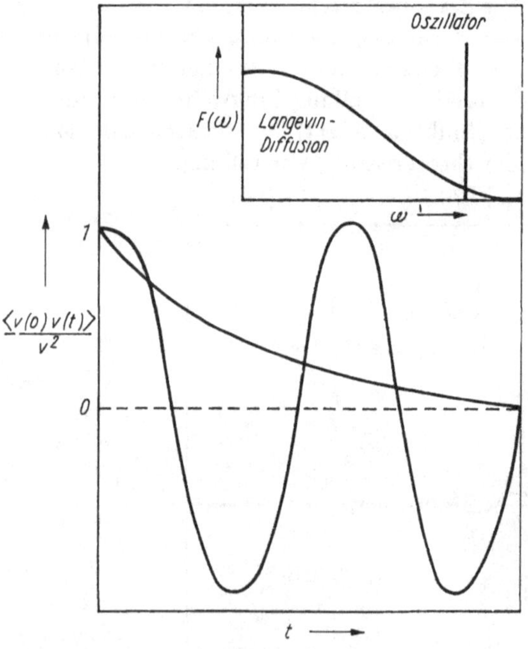

Abb. 5. Geschwindigkeitsautokorrelationsfunktionen für LANGEVINsche Diffusion und die Oszillatorbewegung.

Die Abb. 6 zeigt den von RAHMAN [2] über ein Computerexperiment ermittelten Verlauf.

Ein Vergleich der Abbildungen 4 und 5 zeigt, daß die Flüssigkeitsmoleküle keine gewöhnliche zufällige Diffusionsbewegung z. B. nach der LANGEVINschen Gleichung ausführen. Die Ursache hierfür ist in einer hohen Packungsdichte der Moleküle zu sehen, so daß sich ein Käfigeffekt bemerkbar macht. Der Käfig weist aber eine Quasi-Stabilität auf und verzögert die scheinbare Stoßzeit. Es bildet sich eine stark gedämpfte Oszillationsbewegung aus bevor der Käfig, der nicht lokalisiert ist, zerfällt. Wir finden Züge LANGEVINscher Diffusionsbewegung mit überlagerten stark gedämpften oszillatorischen Anteilen bzw. kollektiven Schwingungszuständen.

Die Lebensdauer einer Atomkonfiguration oder einer Korrelation beträgt etwa 10^{-12} s.

Sprungdiffusionsprozesse im eigentlichen Sinne sind nicht zu verzeichnen.

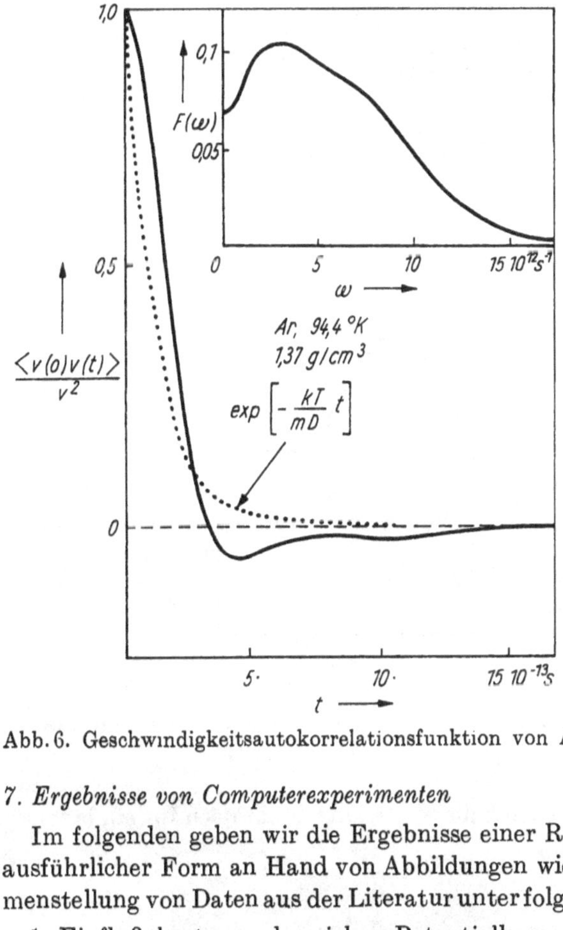

Abb. 6. Geschwindigkeitsautokorrelationsfunktion von Argon nach RAHMAN [2].

7. *Ergebnisse von Computerexperimenten*

Im folgenden geben wir die Ergebnisse einer Reihe von Rechnungen in ausführlicher Form an Hand von Abbildungen wieder. Es ist eine Zusammenstellung von Daten aus der Literatur unter folgenden Gesichtspunkten:

1. Einfluß harter und weicher Potentialkerne auf das Verhalten der radialen Verteilungsfunktion $g_2(r)$ und der Geschwindigkeitsautokorrelationsfunktion $\psi(t)$.
2. Einfluß zusätzlicher vorgelagerter Potentialtöpfe auf $g_2(r)$ und $\psi(t)$.
3. Einfluß von Nichtzentralkräften auf den Verlauf von $g_2(r)$ und $\psi(t)$.

Außerdem werden die Fouriertransformierten $S(Q)$ und $F(w)$ von $g_2(r)$ und $\psi(t)$ betrachtet.

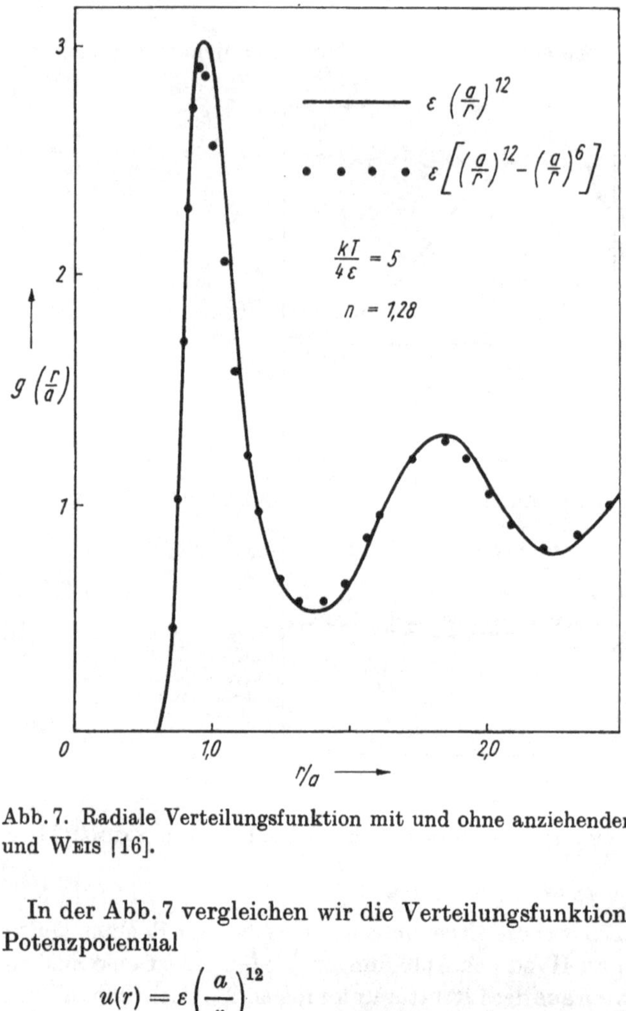

Abb. 7. Radiale Verteilungsfunktion mit und ohne anziehenden Topf nach HANSEN und WEIS [16].

In der Abb. 7 vergleichen wir die Verteilungsfunktionen für ein inverses Potenzpotential

$$u(r) = \varepsilon\left(\frac{a}{r}\right)^{12} \tag{10}$$

ohne vorgelagerten Topf mit einem LENNARD-JONES-Potential

$$u(r) = \varepsilon\left[\left(\frac{a}{r}\right)^{12} - \left(\frac{a}{r}\right)^{6}\right] \tag{11}$$

mit einem Anziehungsbereich [16].

Wir erhalten das wichtige Resultat, daß die Struktur einer Flüssigkeit vornehmlich durch die kurzreichenden abstoßenden Kräfte zwischen den Molekülen bestimmt wird.

Die Abb. 8 verdeutlicht uns den Einfluß der Härte des Potentialkerns auf die radiale Verteilungsfunktion [17]. Wir vergleichen die Ergebnisse für das inverse Potenzpotential für $n = 1$

$$u(r) = \varepsilon \frac{a}{r} \tag{12}$$

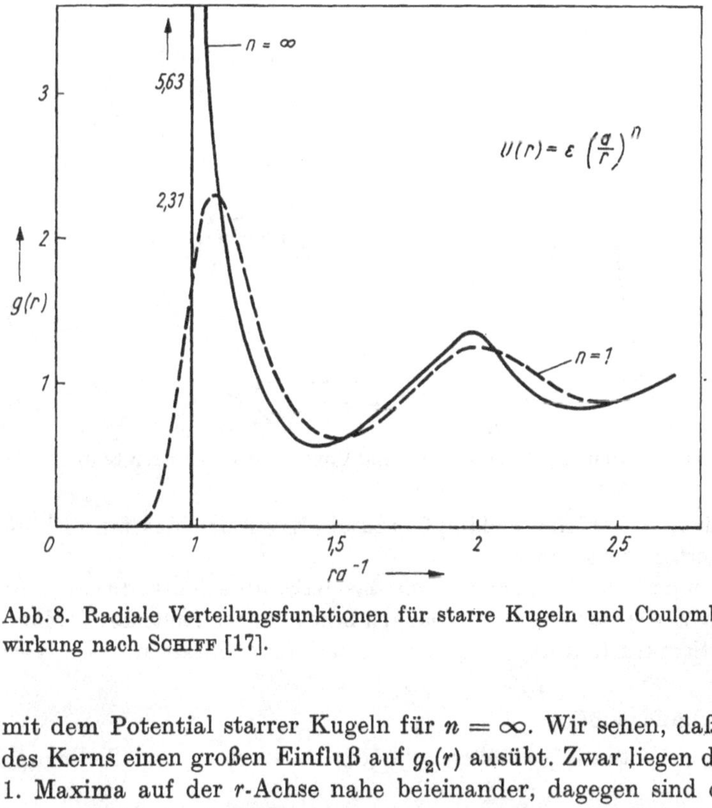

Abb. 8. Radiale Verteilungsfunktionen für starre Kugeln und Coulombwechselwirkung nach SCHIFF [17].

mit dem Potential starrer Kugeln für $n = \infty$. Wir sehen, daß die Härte des Kerns einen großen Einfluß auf $g_2(r)$ ausübt. Zwar liegen die Orte der 1. Maxima auf der r-Achse nahe beieinander, dagegen sind die Höhen, besonders die des 1. Maximums, sehr verschieden. (Vgl. Tab. 1.)

Die Abb. 9 zeigt für die beiden gleichen Potentiale ($n = 1$ und $n = \infty$) den Verlauf des Strukturfaktors S(Q) d. h. der Fouriertransformierten von $g_2(r) - 1$ [17]. Wir erkennen, daß die Härte des Potentialkerns die Höhe und die Lage der 1. Maxima etwas beeinflußt. Die Schwingungen von

Tabelle 1

	$n = \infty$	$n = 1$
r_1	0,978	1,07
$g_2(r_1)$	5,63	2,31

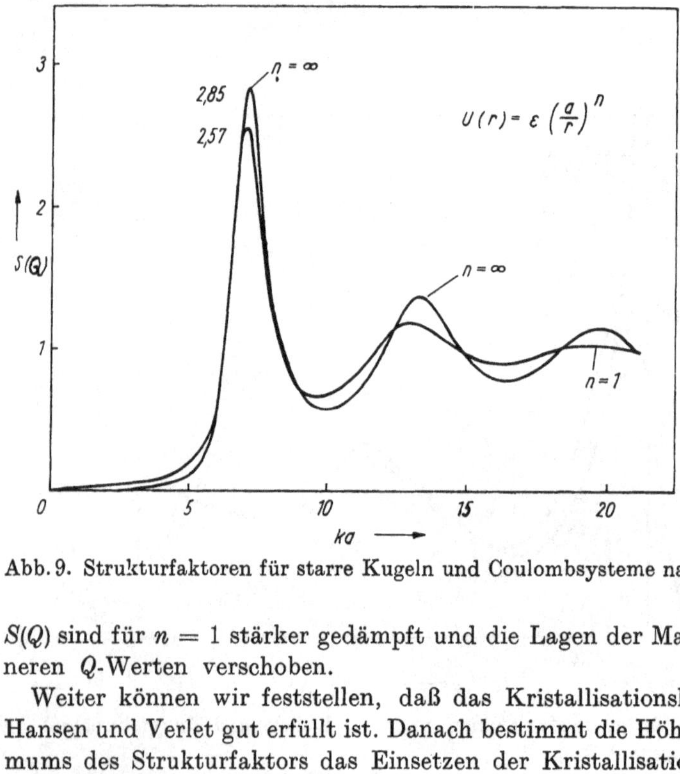

Abb. 9. Strukturfaktoren für starre Kugeln und Coulombsysteme nach SCHIFF [17].

$S(Q)$ sind für $n = 1$ stärker gedämpft und die Lagen der Maxima zu kleineren Q-Werten verschoben.

Weiter können wir feststellen, daß das Kristallisationskriterium von Hansen und Verlet gut erfüllt ist. Danach bestimmt die Höhe des 1. Maximums des Strukturfaktors das Einsetzen der Kristallisation. Der Wert liegt bei

$$S(Q/a) \approx 2{,}85 .$$

Selbst Coulombpotentiale erfüllen mit 15% Abweichung die Bedingung recht gut.

Aus diesen Ergebnissen ist ersichtlich, daß es sehr schwierig ist, genaue Informationen über das zwischenmolekulare Potential aus den experimentell bestimmten Strukturfaktoren $S(Q)$ zu erhalten. Sollen die Feinheiten des Potentials erfaßt werden, sind sehr genaue Messungen von $S(Q)$ über einen weiten Bereich notwendig.

In der Abb. 10 vergleichen wir die Geschwindigkeitsautokorrelationsfunktionen $\psi(t)$ für ein LENNARD-JONES-System (Argon) und einem System mit einem weichen BORN-MAYER-Potential (Natrium) [17]. Ersichtlich führen weichere Kerne zu stärkeren Oszillationen von $\Psi(t)$.

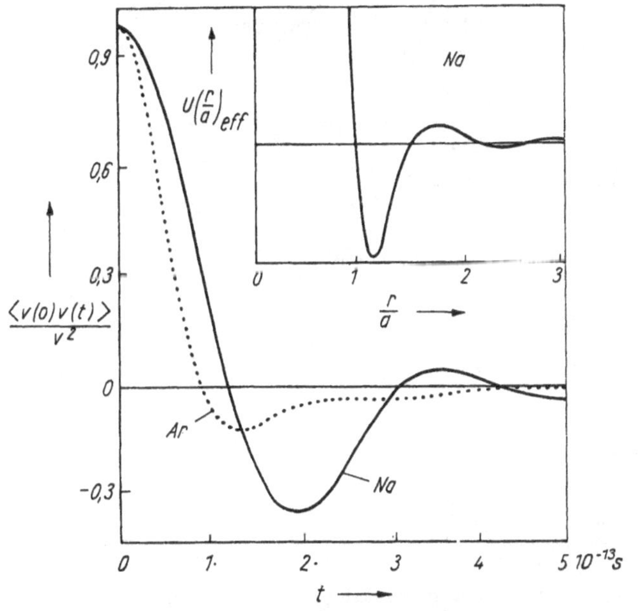

Abb. 10. Geschwindigkeitsautokorrelationsfunktionen für das Argon- und das Natrium-Modell nach SCHIFF [17].

Nach der Abb. 11 ist der Einfluß von vorgelagerten Friedel-Potentialoszillationen auf $\Psi(t)$ sehr gering [17]. Allerdings macht sich der Effekt beim ersten Maximum des Strukturfaktors $S(Q)$ stärker bemerkbar.

Auf der Grundlage des H_2O-Modells von N. BJERRUM [23] wurden von A. RAHMAN und F. H. STILLINGER [18] Computer-Rechnungen durchgeführt. Interessante Resultate konnten für dieses Modell mit Nichtzentralkräften gewonnen werden, die wir unter unserem Aspekt kurz zusammenstellen. Wir beschränken uns auf die Diskussion der molekularen Struktur und der Geschwindigkeitsautokorrelationsfunktion im Vergleich zu kugelsymmetrischen Potentialen.

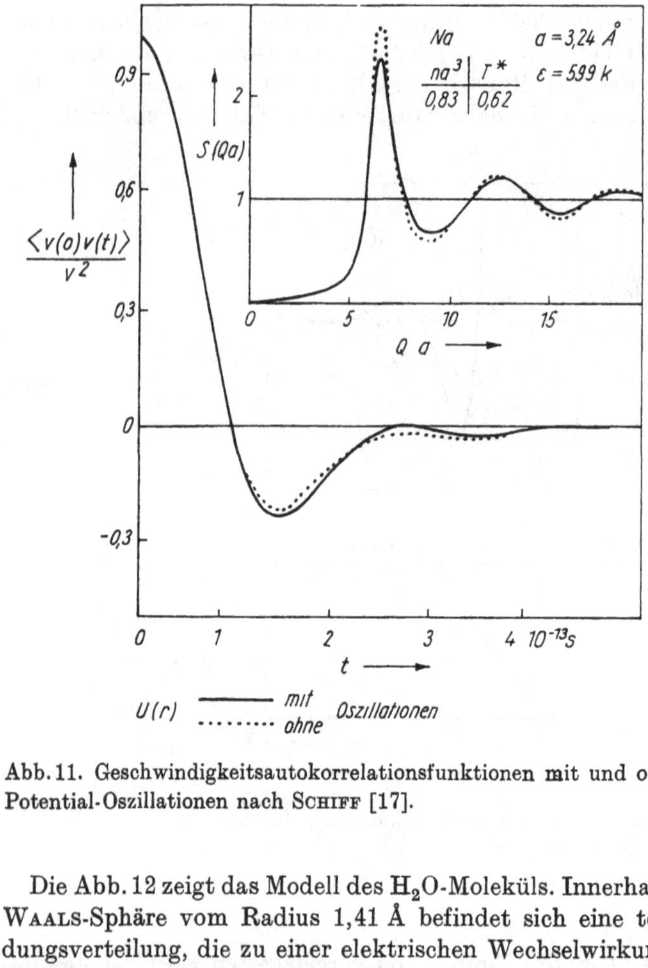

Abb. 11. Geschwindigkeitsautokorrelationsfunktionen mit und ohne Friedel-Potential-Oszillationen nach SCHIFF [17].

Die Abb. 12 zeigt das Modell des H_2O-Moleküls. Innerhalb einer VAN DER WAALS-Sphäre vom Radius 1,41 Å befindet sich eine tetraedrische Ladungsverteilung, die zu einer elektrischen Wechselwirkung v_{el} führt. Das effektive Potential V_{eff} besteht daher aus einem *L-J*-Potential und einem elektrischen Anteil, der über eine Einschaltfunktion $S(r)$ im Bereich $2{,}0379 \leqq r \leqq 3{,}1877$ wirksam wird. V_{eff} hat die Struktur

$$V_{eff} = 4\varepsilon \left[\left(\frac{a}{r}\right)^{12} - \left(\frac{a}{r}\right)^{6}\right] + S(r)\, v_{el}. \tag{13}$$

Die Parameter haben folgende Werte: $\varepsilon = 5{,}01 \cdot 10^{-15}$ erg, $a = 2{,}82$ Å. Die O- und H-Massen betragen $m_0 = 2{,}6555 \cdot 10^{-23}$ g, $m_H = 1/16\, m_0$.

Auf Grund der Abb. 13 und der Rechenergebnisse für H_2O und Ar können wir folgende Aussagen treffen, die wir in Tab. 2 gegenüberstellen [18].

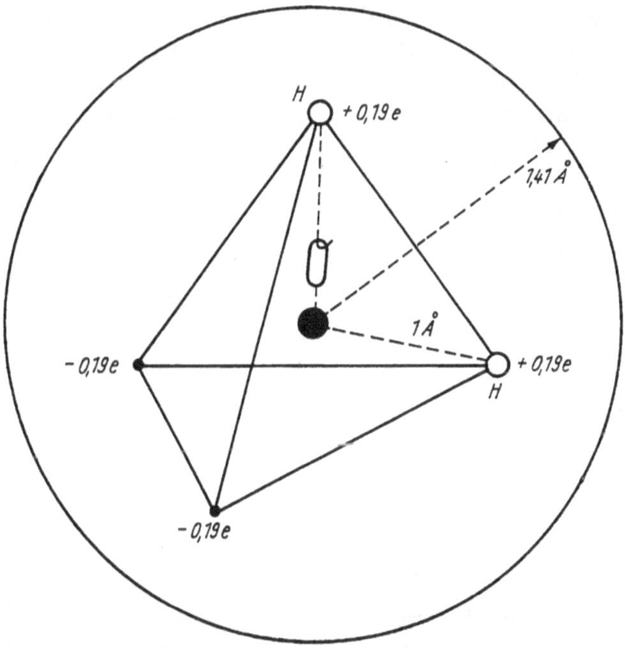

Abb. 12. 4-Punkteladungsmodell des Wassermoleküls [23] nach BJERRUM.

Tabelle 2

Nichtzentralkräfte H_2O-Modell	Zentralkräfte Ar-Modell
Es tritt ein relativ schmales 1. Maximum mit 5,5 nächsten Nachbarn auf.	Ar besitzt eine viel höhere breitere 1. Schwingung mit 12.2 nächsten Nachbarn.
Die 2. Schwingung ist recht flach und breit. Das Verhältnis der Abstände vom 2. zum 1. Maximum beträgt 1,69. Bei idealer Eisstruktur ergibt sich 1,633.	Das Abstandsverhältnis des 2. zum 1. Maximum ist recht groß und beträgt 1,9.
BeimSchmelzen verschiebt sich die Lage des 2. Maximums nur sehr wenig.	Die Lage des 2. Maximums verschiebt sich beim Schmelzen wesentlich stärker durch Auflösen einer flächenzentrierten kubischen Struktur.
Das 3. Maximum ist bereits schwach ausgeprägt. Ab $r/a = 3$ d.h. 4,86 Å treten kaum mehr Schwingungen auf.	Ar besitzt weitere erkennbare Maxima bis zur 5. Ordnung. Die Reichweite der Nahordnung ist wesentlich größer.

Wir erhalten den Hinweis, daß die H_2O-Moleküle ein sehr stark zufällig gestörtes und deformiertes Netzwerk von H-Brücken bilden, das den Raum recht gleichmäßig erfüllt. Da alle Korrelationsfunktionen sich rasch dem asymptotischen Wert 1 nähern, kann eine ausgeprägte Cluster- oder Eisbergbildung nicht vorliegen.

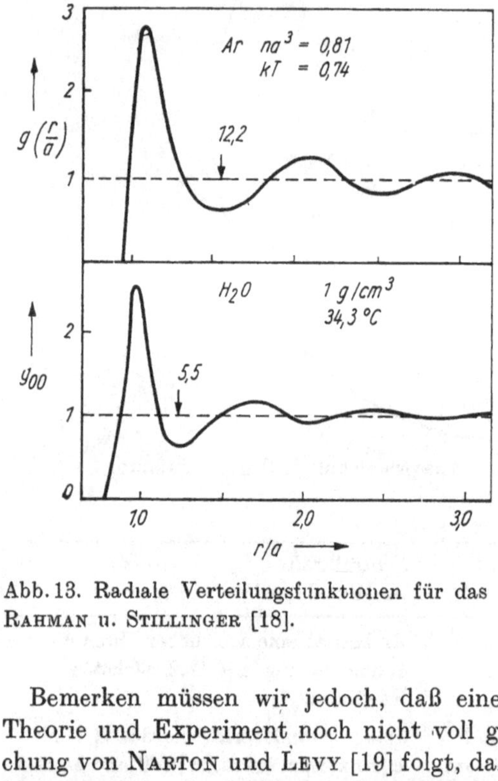

Abb. 13. Radiale Verteilungsfunktionen für das Ar- und das H_2O-Modell nach RAHMAN u. STILLINGER [18].

Bemerken müssen wir jedoch, daß eine Übereinstimmung zwischen Theorie und Experiment noch nicht voll gegeben ist. Aus der Untersuchung von NARTON und LEVY [19] folgt, daß der Strukturfaktor bzw. die Streuintensität $Q \cdot I(Q)$ ein 1. Doppelmaximum besitzt, das, wie Abb. 14 zeigt, nicht von der Theorie wiedergegeben wird.

Zwar kommt das Wasser-Modell der Realität schon etwas nahe, doch sind eine Reihe anderer Faktoren wirksam, die schwer zu erfassen sind. Sicher sind die effektiven Potentiale beim realen System noch komplizierter. Des weiteren werden die Moleküle nicht vollständig starr sein. Zusätzliche kovalente H-Brücken-Anteile und Dreikörperkräfte werden außerdem wirksam sein. Die ermittelten Geschwindigkeitsautokorrelationen geben zusätzlich einen Einblick in die Molekulardynamik des

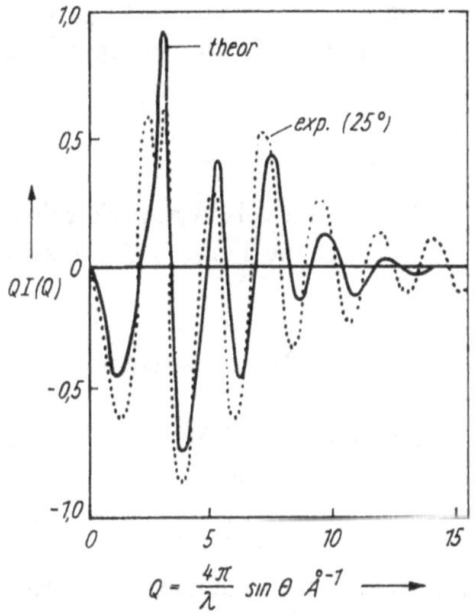

Abb. 14. Theoretischer und experimenteller Strukturfaktor für Wasser nach Rahman u. Stillinger [18].

Wasser-Modells. Die Abb. 15 macht es augenscheinlich, daß die mittlere molekulare Bewegung einen relativ hohen oszillatorischen Anteil besitzt. $\psi(t)$ weist eine größere Zahl von Schwingungen auf, die auch bei $F(w)$ zu

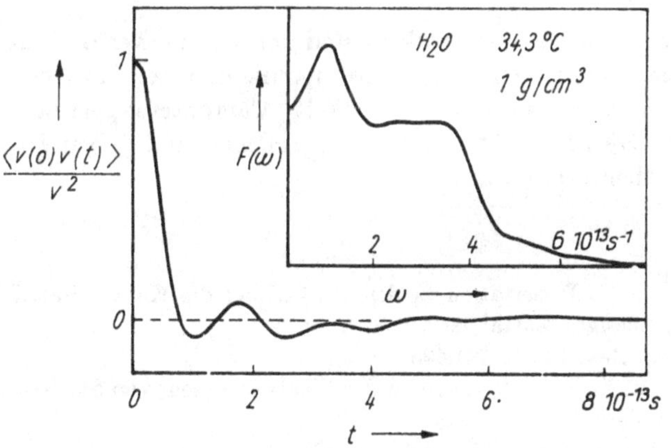

Abb. 15. Geschwindigkeitsautokorrelationsfunktion für das H_2O-Modell nach Rahman u. Stillinger [18].

erkennen sind [18]. Im Vergleich zum Ar-Modell rufen die Nichtzentralkräfte eine stärkere oszillatorische Bewegung hervor als Resultat der höheren Strukturstarrheit des Systems.

8. *Schlußbemerkungen*

1. Bei der Aufklärung der Struktur und der Molekulardynamik reiner Flüssigkeiten konnten in den letzten 10 Jahren große Fortschritte erzielt werden und zwar auf Grund

- der entwickelten statistisch-mechanischen Theorien
- der außerordentlichen Möglichkeiten moderner Rechenanlagen
- der modernen Experimentiertechnik.

2. Die Forschungsergebnisse zeigen, daß Struktur und Molekulardynamik flüssiger Phasen so komplex sind, daß keine einfachen Grundmodelle angegeben werden können. Strukturmodelle können jeweils nur Teilaspekte erfassen.

3. Zur Berechnung der Struktur stellen neben Computerexperimenten nichtlineare Integralgleichungen für die radialen Verteilungsfunktionen der statistischen Mechanik die zugkräftigsten theoretischen Verfahren dar. Der nicht zu umgehende Einsatz von Computern macht die Forschung recht kostenaufwendig.

4. Starre Kugel- und LENNARD-JONES-Systeme sind am genauesten untersucht. Wünschenswert wäre die Erfassung weiterer Standardsysteme. Sie können als Plattform dienen zur theoretischen Durchdringung größerer Stoffklassen einschließlich Mischungen mit Hilfe der Störungstheorie der Flüssigkeiten.

5. Im Vergleich zur Theorie der Struktur und der Thermodynamik der Flüssigkeiten ist die Theorie der Molekulardynamik und der Transportprozesse bei weitem nicht so weit entwickelt. Computerexperimente liefern viele Fingerzeige für das Verhalten der Teilchen und geben Hinweise für adäquate theoretische Ansätze.

Literatur

[1] VAN DER WAALS, J. D.: Dissertation Leiden 1873 „Über die Kontinuität des gasförmigen und flüssigen Zustandes“.

[2] RAHMAN, A., Phys. Rev. 136 (1974) 405.

[3] CARNAHAN, N. F., u. K. E. STARLING, Van der Waals Conference on Statistical Mechanics, Amsterdam 1973.
SCOTT, G. D., u. G. J. KORACS, J. Phys. D 6 (1973) 1007

[4] VIEILLARD-BARON, J., Preprint Lab. Phys. Theorique et Hautes Energies Univ. de Paris Sud. Oktober 1973.

[5] BARKER, J. A., F. A. FISHER u. R. O. WATTS, Mol. Phys. 21 (1971) 657.
[6] HARP, G. G. u. B, J. BERNE, Phys. Rev. A 2 (1970) 975
[7] RAHMAN, A., u. FR. H. STILLINGER, J. Chem. Phys. 55 (1971) 3336
[8] SCHIFF, D., Phys. Rev. 186 (1969) 151
[9] RASAIAH, J. C., J. Chem. Phys. 52 (1970) 709, 56 (1972) 3071.
[10] REE, T. S., T. R. REE u. E. EYRING, Angew. Chemie 2 (1965) 993.
[11] BERNAL, J. D., Proc. Roy. Soc. A 280 (1964) 299.
[12] HOSEMANN, R., K. LEMM u. W. WILKE, Mol. Cryst. 1 (1967) 333.
WILLMANN, G., u. R. HOSEMANN, Z. Naturf. 26a (1971) 1865.
[13] GUBBINS, K. E., u. W. R. SMITH, Mol. Phys. 22 (1971) 1089.
[14] LEE, L. L., u. D. LEVESQUE, Mol. Phys. 26 (1973) 1351.
GRUNDKE, E. W., D. HENDERSON u. J. A. BARKER, Mol. Phys. 25 (1973) 883.
[15] SCHLÜTTER, A., Naturw. Rundsch. 24 (1971) 423.
[16] HANSEN, J. P., u. J. J. WEIS, Mol. Phys. 23 (1972) 853
[17] SCHIFF, D., Phys. Rev. 186 (1969) 151.
[18] RAHMAN, A., u. F. H. STILLINGER, J. Chem. Phys. 55 (1971) 3336.
[19] NARTON, A. H., u. H. A. LEVY, J. Chem. Phys. 55 (1971) 2263.
[20] BROYLES, A. A., S. U. CHUNG, u. H. L. SAHLIN, J. Chem. Phys. 37 (1962) 2462.
[21] BARKER, J. A., u. D. HENDERSON, Acc. of Chem. Res. 4 (1971) 303.
[22] YARNELL, J. L., M. J. KATZ, G. R. WENZEL u. S. H. KOENIG, Phys. Rev. A 7 (1973) 2130.
[23] BJERRUM, N., Kgl. Danske Videnskab. Selskab. Mat.-Fys. Medd. 27 (1951) 1.

Hans-Joachim Bittrich

Mischung einfacher Flüssigkeiten

1. Die Bedeutung der Theorie der Flüssigkeiten für die Stofftrennung

Unabhängig davon, ob bei der künftigen Entwicklung der chemischen Produktion reine Einsatzkomponenten oder die Reinigung der Reaktionsprodukte im Vordergrund stehen, werden Probleme der Stofftrennung immer in ungefähr gleichem Umfang neben der eigentlichen Reaktionsführung auftreten und müssen deshalb schon von der Grundlagenforschung durch Zusammenarbeit zwischen physikalischer Chemie und Verfahrenstechnik in erheblichem Umfang beherrscht werden. Für die zur Berechnung von Stofftrennvorgängen notwendigen physikalisch-chemischen Größen oder Funktionen muß im allgemeinen[1] die Kenntnis von Mehrstoffsystemen vorliegen. Der Zugang zu dieser Kenntnis kann über zwei Wege erfolgen:

– Kolligative Eigenschaften (ideales Verhalten) werden als ausreichend angesehen, d.h. für das chemische Potential μ_i gilt[2]:

$$\mu_i^{id} = \mu_{0i} + RT \ln x_i \tag{1}$$

und für die freie Enthalpie der Mischung

$$G^M = \Sigma\, x_i\, \mu_{0i} + \Sigma\, RT \ln x_i \tag{2}$$

Dann wären alle Berechnungen von Phasengleichgewichten beliebiger Komponentenzahl möglich, was in der Regel aber der Praxis widerspricht.

– Die Kenntnis des realen Verhaltens ist notwendig, d.h. für das chemische Potential gilt:

$$\mu_i = \mu^{id} + \mu^E \tag{3}$$

$$\mu^E = RT \ln f_i \tag{4}$$

bzw. für nichtentropische Größen gilt[3]

$$Y_i = Y_{0i} + \Delta \bar{Y}_i \tag{5}$$

und die entsprechenden mittleren molaren Funktionen werden

$$G^M = \Sigma\, x_i \mu_{0i} + RT\, \Sigma\, x_i \ln x_i + RT\, \Sigma\, x_i \ln f_i \qquad (6)$$

$$Y^M = \Sigma\, x_i\, \bar{Y}_i = \Sigma\, x_i\, Y_{0i} + \Sigma\, x_i\, \Delta \bar{Y}_i \qquad (7)$$

Dabei ist $\bar{Y}_i$ eine beliebige partielle molare nicht-entropische Größe (z.B. Enthalpie, Volumen usw.).

Im letzten Fall müssen für genaue Berechnungen von Phasengleichgewichten Aktivitätskoeffizienten f_i, freie Exzeßenthalpien [4] G^E sowie deren Temperatur — (zu der Exzeßentropie S^E und der Exzeßenthalpie H^E führend) und Druck - (zum Exzeßvolumen V^E führend) Abhängigkeit bekannt sein.

Zu diesen Funktionen gibt es wiederum zwei Zugänge
— die experimentelle Bestimmung,
— die Vorausberechnung.

Die experimentelle Bestimmung wird ihre Bedeutung für Jahrzehnte behalten. Berücksichtigt man aber, daß von 300 reinen Flüssigkeiten etwa 45000 binäre und etwa 10^9 quaternäre Systeme gebildet werden-können, dagegen aber von etwa 20000 binären Systemen (bei der Mehrzahl allerdings nur in bezug auf das azeotrope Verhalten) und von etwa 50 n-Stoffsystemen ($n > 3$) die Flüssigkeits-Dampf-Gleichgewichte, von rund 100 n-Stoffsystemen ($n > 3$) die Flüssigflüssig-Gleichgewichte bekannt sind, wird die Suche nach gangbaren Wegen der Vorausberechnung unabdingbar.

2. *Prinzipielle Wege zur Vorausberechnung von Mischungsfunktionen*

Zur Vorausberechnung gibt es, soweit sich das heute übersehen läßt, zwei verschiedene Vorgehensweisen:

2.1. Eine empirische, bei der von bekannten Mischungsfunktionen binärer Systeme auf unbekannte homologe, homomorphe, wechselwirkungsähnliche oder anders korrelierbare binäre Systeme extrapoliert wird.

Hierher gehören Methoden der Art linearer freier Enthalpiebeziehungen, Feldbetrachtungen in $G^E - TS^E$ Diagrammen, aber auch die Einführung adjustierbarer Parameter in theoretische Modelle, wie die Erweiterungen der Theorie der regulären Lösung, das Modell der kongruenten Lösungen, die Gruppenbeiträge u.a. Dieser Weg wird hier nicht weiter behandelt.

2.2. Eine theoretische, bei der versucht wird, mit Methoden der statistischen Mechanik, der statistischen Theorie der Thermodynamik und der Theorien der zwischenmolekularen Wechselwirkungen aus Eigenschaften der reinen Komponenten die Mischungsfunktionen binärer Systeme zu berechnen. Dieser Weg baut auf den Erkenntnissen der Theorie der (reinen) Flüssigkeiten auf, ist aber – wie PRIGOGINE [25] feststellte, nicht direkt vom Stand der Genauigkeit und Sicherheit der Theorie der Flüssigkeiten abhängig, weil bei Anwendung der Gleichungen (6) oder (7) zwar einerseits eine kleine Differenz großer Zahlen berechnet werden muß, sich aber andererseits Fehler auf beide Glieder gleich auswirken und dadurch kompensieren.

In der Folge von der reinen Komponente zum Vielstoffsystem ist der Schritt zum binären System entscheidend. Bei diesem qualitativen Umschlag treten neue zwischenmolekulare Wechselwirkungen auf, in Paarwechselwirkungen formuliert

$$ii + jj \rightleftharpoons ij + ij \tag{8}$$

während z. B. ein ternäres System ijk durch binäre Systeme darstellbar sein sollte

$$ii + jj + kk \rightleftharpoons ij + jk + ik \tag{9}$$

Deshalb lassen sich polynäre Systeme durch Linearkombinationen der binären Systeme relativ genau berechnen[5].

Zur Prüfung theoretischer Modelle eignen sich Systeme aus relativ kugelförmigen Molekülen. Deshalb wird zunächst das Problem, wie sich die thermodynamischen Funktionen binärer Systeme theoretisch vorausberechnen lassen, an Hand der Mischungen einfacher Flüssigkeiten (simple fluids) geprüft. Am Schluß werden dann einige Probleme diskutiert, die Systeme aus komplizierter gebauten Molekülen betreffen.

Aus den Gleichungen (5) und (8) ergeben sich die von der Theorie der Mischung zu lösenden Aufgaben:

- die Ableitung einer brauchbaren Zustandsgleichung für kondensierte, flüssige Phasen[6] mit Hilfe der statistischen Mechanik,
- die richtige Bestimmung der zwischenmolekularen Wechselwirkungsenergie,
- die richtige Kombination der molekularen Größen oder die zweckmäßigste Normierung auf einen Bezugszustand.

In den letzten Jahren sind im Verständnis und der Lösung dieser Aufgaben merkliche Fortschritte erzielt worden, sowohl in der Kenntnis der Verteilungsfunktionen für reine Flüssigkeiten, in der Anwendung der alten VAN DER WAALSschen Vorstellungen und durch die Computerberechnung von Mischungsfunktionen, wobei die Monte-Carlo-Methode offensichtlich bevorzugt wird [13, 26].

3. Das zwischenmolekulare Potential

Für die Berechnungen gelten im allgemeinen folgende Randbedingungen:

- Sphärisch symmetrische Moleküle
  Das wird erreicht, indem die Ergebnisse der Theorie entweder mit experimentellen Daten von Mischungen einfacher Flüssigkeiten wie Edelgase, N_2, O_2, CO, CH_4, CF_4 oder mit numerischen Ergebnissen aus Monte-Carlo-Rechnungen verglichen werden.
- Additive Paarpotentiale und Paarverteilungsfunktionen, d.h. Drei- und Mehrkörperprobleme werden vernachlässigt[7],
- Systeme mit Quanteneffekten werden nicht betrachtet.

Bevorzugt werden zwei Potentialmodelle

- das Hartkugelpotential (HKP)
- das LENNARD-JONES Potential (6–12-Potential)

$$U(r) = 4\varepsilon_0 \left[\left(\frac{\sigma_{ij}}{r}\right)^{12} - \left(\frac{\sigma_{ij}}{r}\right)^{6}\right] \qquad (10)$$

Abb. 1 zeigt die damit verbundenen Bedingungen für $\varepsilon(r)$.

Für Mischungen sind Kombinationsregeln für die molekularen Parameter d_{ij}, ε_{ij} und σ_{ij} erforderlich:

$$d_{ij} = 1/2\,(d_{ii} + d_{jj}) \qquad (11)$$

$$\varepsilon_{ij} = (\varepsilon_{ii}\,\varepsilon_{jj})^{1/2} \quad \text{BERTHELOT-Regel} \qquad (12)$$

$$\sigma_{ij} = 1/2\,(\sigma_{ii} + \sigma_{jj}) \quad \text{LORENTZ-Regel} \qquad (13)$$

Sie sind, wie später gezeigt werden wird, selbst für Mischungen einfacher Flüssigkeiten unzureichend. Deshalb gibt es Versuche, sie in folgenden Richtungen zu korrigieren

- durch andere Kombinationsprinzipien:

$$\varepsilon_{ij} = \frac{1}{2}\left(\frac{1}{\varepsilon_{ii}} + \frac{1}{\varepsilon_{jj}}\right) \quad [4] \qquad (14)$$

$$\varepsilon_{ij} \sim \frac{(\sigma_{ii}\,\sigma_{jj})^3}{(\sigma_{ii} + \sigma_{jj})^6}\,(\varepsilon_{ii}\,\varepsilon_{jj})^{0,5} \quad [5] \qquad (15)$$

$$\sigma_{ij} = (\sigma_{ii}\,\sigma_{jj})^{1/2} \quad [6] \qquad (16)$$

- durch Mittelbildungen, die sich aus physikalischen Ansätzen ergeben: aus der Theorie von LONDON [14]

$$\varepsilon_{ij} = (\varepsilon_{ii}\,\varepsilon_{jj})^{1/2}\,\frac{2\,(I_i I_j)^{1/2}}{I_i + I_j}\,\frac{(\sigma_{ii}\sigma_{jj})^2}{\sigma_{ij}^6} \qquad (17)$$

mit I = Ionisationspotential, mit Berücksichtigung der Polarisierbarkeit α[8]

$$\varepsilon_{ij} = \frac{2(\varepsilon_{ii}\varepsilon_{jj})}{\varepsilon_{ii}\sigma_{ii}^3 \frac{\alpha_j}{\alpha_i} + \varepsilon_{jj}\sigma_{jj}^3 \frac{\alpha_i}{\alpha_j}} \left(\frac{\sigma_{ii}\sigma_{jj}}{\sigma_{ij}}\right)^3 \tag{18}$$

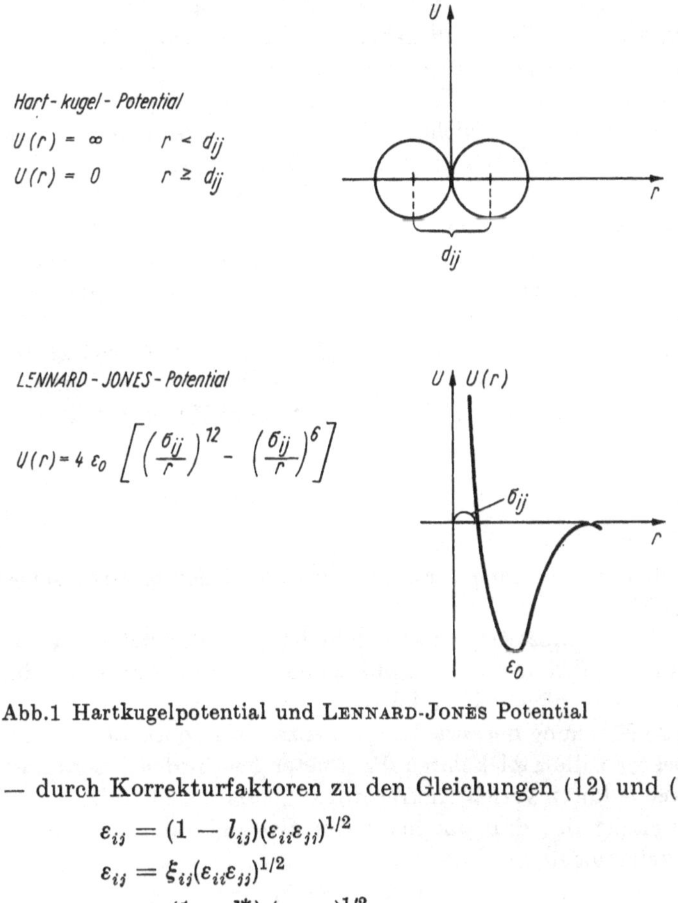

Abb.1 Hartkugelpotential und LENNARD-JONES Potential

— durch Korrekturfaktoren zu den Gleichungen (12) und (13)

$$\varepsilon_{ij} = (1 - l_{ij})(\varepsilon_{ii}\varepsilon_{jj})^{1/2} \tag{19}$$

$$\varepsilon_{ij} = \xi_{ij}(\varepsilon_{ii}\varepsilon_{jj})^{1/2} \tag{20}$$

$$\sigma_{ij} = (1 - l_{ij}^*)\,(\sigma_{ii}\sigma_{jj})^{1/2} \tag{21}$$

— durch Ersatz des Mischungspotentials durch das der Komponente mit der stärkeren Wechselwirkung

$$\varepsilon_{ij} = \varepsilon_{jj}$$

womit dann

$$\varepsilon = 2\varepsilon_{ij} - \varepsilon_{ii} - \varepsilon_{jj} = \varepsilon_{jj} - \varepsilon_{ii} \tag{22}$$

wird[9].

Die Koeffizienten der Gleichungen (19)–(21) werden empirisch ermittelt oder z.B. für Gl. (19) oder (20) aus Gl. (17) oder (18) berechnet.

Physikalisch ist die Korrektur des *ij*-Wechselwirkungspotentials sinnvoll. Die BERTHELOTsche Regel gilt gemäß der LONDONschen Theorie für reine (ungerichtete) Dispersionswechselwirkung. Seit der Anwendung des MULLIKENschen Konzepts der Elektronen-Donator-Akzeptor-Wechselwirkung auf niedermolekulare Nichtelektrolyten (eine zusammenfassende Übersicht siehe [5]) ist deutlich geworden, daß eine wesentliche größere Menge binärer Mischungen durch gerichtete Wechselwirkungen charakterisiert ist, als noch bis in die 60er Jahre angenommen wurde [15]. Die Korrekturfaktoren in Gl. (19) bis Gl. (21) – von der ersteren werden eine Reihe von Näherungsmodellen abgeleitet (s. Pkt. 2) – wirken sich sehr empfindlich auf die berechneten G^E-Werte aus.

Die Additivität der Stoßdurchmesser ist physikalisch plausibler als die geometrische Mittelbildung. Sie gibt aber z.B. bei nicht-sphärischen Molekülen bessere Ergebnisse mit dem LONDONschen Modell als Gl. (16) [10].

4. n-Flüssigkeitsmodelle

Eine binäre flüssige Mischung kann unter verschiedenen physikalischen Aspekten aufgefaßt werden:

- als eine quasi-reine Substanz, wobei sich in der Mischung mittlere molekulare Parameter, d.h. die der imaginären einheitlichen Substanz, einstellen (Einflüssigkeitsmodell, 1-LM);
- als eine ideale Mischung der zwei Komponenten in hypothetischem Zustand, wobei sich die molekularen Parameter her beiden imaginären Komponenten additiv verhalten (Zweiflüssigkeitsmodell, 2-LM);
- als eine Mischung der drei unabhängigen Bestandteile *ii*, *jj* und *ij* (Dreiflüssigkeitsmodell, 3-LM).

Dann ergeben sich folgende Beziehungen

1-Flüssigkeitsmodell:

Verteilungsfunktionen: $g_{ii}(r) = g_{ij}(r) = g_{ii}(r)$ (23)

Freie Mischungsenthalpie:

$$\Delta G^M (T, p, x) = \Delta G_0 \left[p\left(\frac{\sigma_m}{\sigma_0}\right)^3 \Big/ \frac{\varepsilon_m}{\varepsilon_0};\ T\varepsilon_0/\varepsilon_m \right] \quad (24)$$

Wechselwirkungspotential

$$U_m(r) = x^2 u_{ii} + 2 x_i\, x x_j u_{ij} + x_j^2 u_{jj} \quad (25)$$

Dabei entsprechen die Indizierungen „m“ der Größe in der Mischung und „0“ der Größe der reinen Komponente. G_0 ist die entsprechende Funktion des Bezugssystems.

2-Flüssigkeitsmodell

Verteilungsfunktion:

$$g_{ij}(r) = 1/2\,(g_{ii}(r) + g_{jj}(r)) \quad (26)$$

Freie Mischungsenthalpie:

$$\Delta G^M(T, p, x) = \Sigma\, x_i \Delta G_0 \left[p\left(\frac{\sigma_i}{\sigma_0}\right)^3 \Big/ \frac{\varepsilon_i}{\varepsilon_0};\ T\varepsilon_0/\varepsilon_i \right] \quad (27)$$

Wechselwirkungspotential

$$u_i(r) = \sum_j x_i u_{ij} \quad (28)$$

„i“ und „j“ bezeichnen hier die hypothetischen reinen Flüssigkeiten, „0“ die realen reinen Flüssigkeiten.

3-Flüssigkeitsmodell

Verteilungsfunktion:

$$g_{ii}(r);\ g_{ij}(r);\ g_{jj}(r) \quad (29)$$

Freie Mischungsenthalpie:

$$\Delta G^M(T, p, x) = \sum_i \sum_j x_i x_j \Delta G_0 \left[p\left(\frac{\sigma_{ij}}{\sigma_0}\right)^3 \Big/ \frac{\varepsilon_{ij}}{\varepsilon_0};\ T\varepsilon_0/\varepsilon_{ij} \right] \quad (30)$$

Der Unterschied besteht also darin, ob die molekularen Funktionen über die Mischung gemittelt werden oder die makroskopischen Mischungsfunktionen. Molekular geht es um die Mittelung der Potentialenergie („Energiedurchschnittsfunktion“), das Problem des ij-Wertes für ε und σ tritt in jedem Fall zusätzlich auf.

5. Modernere Modelltheorien

Das eigentliche Lösungsmodell resultiert aus den verschiedenartigen Kombinationen der Grundannahmen. Die Annäherung an die Flüssigkeit kann von zwei Seiten her erfolgen:

– vom festen Zustand über eine stetige Zunahme von Fehlordnungen (Gittertheorie)
– vom realen Gas unter Verwendung in diesem Gebiet üblichen Zustandsgleichungen.

Für die Mischungen einfacher Flüssigkeiten ist nur der zweite Weg diskutabel.

Theorie der konformalen Lösung

Ausgangspunkt ist Gl. (10) und die Annahme, daß für alle Species in der Flüssigkeit (d.h. gleich ob 1 ML, 2 ML oder 3 ML) die gleiche Form für $u(r)$ gilt. Vorausgesetzt wird ferner die Gültigkeit des Prinzips der korrespondierenden Zustände, so daß alle Parameter auf eine Bezugssubstanz (00) bezogen werden können. Die Verhältnisse $\varepsilon_{ii}/\varepsilon_{00}$ und σ_{ii}/σ_{00} sollen nur wenig von 1 abweichen und die Abweichungen in einer Störungstheorie 1. Ordnung entwickelt werden können. Entscheidend für die Bewertung ist die Aussage, daß alle Exzeßfunktionen (G^E, H^E, S^E, V^E) positiv oder alle negativ sein sollen. Diese Kombinationen treten aber eher zufällig auf [4]. Das 1-Flüssigkeitsmodell der konformalen Lösung hat zu dem Konzept der „random mixture" (RM) [25], das 2-Flüssigkeitsmodell zu dem des „Durchschnittspotentialmodells" (DPM) [3] geführt.

VAN DER WAALS-*Modelle*

Modelle dieser Art wurden zunächst entwickelt, um theoretischen Schwierigkeiten aus dem Weg zu gehen und für ε und σ effektive Werte zu benutzen, mit denen das Verhalten von Fluiden richtig beschrieben werden kann. Der Kompressibilitätsfaktor $z = pV/NkT$ wird entsprechend der Struktur des zwischenmolekularen Potentials in einen Hartkugelterm und einem Anziehungsterm ($-a/V$, entsprechend dem Term der VAN DER WAALSschen Gleichung) zerlegt

$$Z = Z(\mathrm{HKP}) - a^* \, (\varepsilon/kT) \, (N\sigma^3/V) \qquad (31)$$

Der Hartkugelterm kann über radiale Verteilungsfunktionen (z.B. mit der Näherung nach PERCUS-YEVICK) oder aus einer empirischen Zustandsgleichung (s. Tab. 2) berechnet werden.

Gültigkeit des Prinzips der korrespondierenden Zustände wird vorausgesetzt. Die molekularen Parameter müssen am besten aus Experimenten gewonnen werden.

Dabei zeigt sich, daß
– molare Verdampfungsenthalpien und Molvolumina bei gleichen reduzierten Temperaturen relativ gut,

– kritische Konstanten weniger gut und
– zweite Virialkoeffizienten[10] noch weniger geeignet sind [26].

Damit wird deutlich, daß das Prinzip der korrespondierenden Zustände, das unabhängig von der Methode für alle Parameter gleiche Werte liefern sollte, nicht gilt. Die Parametergewinnung wird problematisch, wenn man unähnliche Systeme vergleichen will[11]. Die Sätze für $a \sim \varepsilon\sigma^3$ und $b \sim \sigma^3$ im 1-LM und 2-LM sind in Tab. 1 enthalten.

Tabelle 1

1-LM VAN DER WAALS	
$a(x) = x_i^2 a_{ii} + 2x_i x_j a_{ij} + x_j^2 a_{jj}$	$b(x) = x_i^2 b_{ii} + 2x_i x_j b_{ij} + x_j^2 b_{jj}$
2-LM VAN DER WAALS	
$a_i(x) = x_i a_{ii} + x_j a_{ij}$	$b_i(x) = x_i b_{ii} + x_j b_{ij}$
$a_j(x) = x_j a_{jj} + x_i a_{ij}$	$b_j(x) = x_j b_{jj} + x_i b_{ij}$
Mischungsregeln	
$a_{ij} = b_{ij} \left(\frac{a_{ii} a_{jj}}{b_{ii} b_{jj}}\right)^{0,5}$	$b_{ij} = 1/2\,(b_{ii}^{1/3} + b_{jj}^{1/3})$
FLORY	
$a(x) = b(x) \frac{x_i^2 (a_{ii}/b_{ii}^{1/3}) + 2x_i x_j (a_{ij}/b_{ij}^{1/3}) + x_j^2 (a_{jj}/b_{jj}^{1/3})}{x_i b_{ii}^{2/3} + x_j b_{jj}^{2/3}}$	
$b(x) = x_i b_{ii} - x_j b_{jj}$	

VAN DER WAALS 1-Flüssigkeitsmodelle und 2-Flüssigkeitsmodelle sind mit den Parametern aus Tab. 1 für eine Reihe unterschiedlicher Zustandsgleichungen

$$Z = \frac{pV_0}{RT} = Fu(y) + \frac{a}{RTV} \tag{32}$$

mit $y = b/4\,V_0$ geprüft worden. Tab. 2 enthält die Zustandsgleichungen, die eine Näherung an die exakte Virialgleichung des Hartkugelmodells sind

$$Fu(y) = 1 + 4y + 10y^2 + 18{,}36y^3 + 28{,}24y^4 + 39{,}53y^5 + 43{,}52\,y^6 + \cdots \tag{32a}$$

Meist werden mit den Modellen die Korrekturfaktoren in Gl. (20) aus experimentellen G^E oder H^E-Werten ermittelt [11, 22, 23] und damit die anderen Exzeßfunktionen berechnet. Tabelle 3 zeigt die Anzahl der Fälle,

Tabelle 2

$Z = pV/RT = Fu(y) - a/RTV$	$y = b/4V$
VAN DER WAALS	$= (1 - 4y)^{-1}$
GUGGENHEIM	$= (1 - y)^{-4}$
FLORY	$= (1 - y^{1/3})^{-1}\,c$
FRISCH	$= (1 + y + y^2)\,(1 - y)^{-3}$
THIELE	$= (1 + 2y + 3y^2)\,(1 - y)^{-2}$
SCOTT I	$= (1 + 2y)(1 - 2y)$
SCOTT II	$= (1 + 3y + 4y^2)(1 - 2y)^{-1}(1 + y)^{-1}$
CARNAHAN-STARLING	$= (1 + y + y^2 - y^3)\,(1 - y)^{-3}$

Tabelle 3

Zustandsgl.	*n-L* Mod.	±10%	±50%
Van der Waals	1	3	8
	2	4	10
Guggenheim	1	2	9
	2	6	10
Frisch	1	1	7
	2	5	10
Thiele	1	1	7
	2	3	10
Scott 1	1	1	8
	2	5	11
Scott 2	1	1	8
	2	5	11
Virialform	1	2	7
	2	4	9
Snider/Herrington		3	8

wo die berechneten Werte innerhalb von 10% bzw. 50% der experimentellen Werte liegen. Obwohl die Korrekturparameter aus Meßwerten gewonnen wurden, liegen nur 26% der Vergleichswerte innerhalb 10% und 69% innerhalb 50% Abweichung. Dabei sind 195 Vergleiche ausgewertet. Hier sind alle Parameter aus kritischen Größen gewonnen.

Modelle von FLORY [13]

Das von FLORY und Mitarb. entwickelte Modell hat die gleiche Struktur. Die Exzeßfunktionen werden aus einem Term, der einer auf dem reduzierten Volumen aufgebauten Zustandsgleichung entspricht, und einem Kontaktwechselwirkungsterm aufgebaut. Die *i-j*-Wechselwirkung wird aus Gl. (12) erhalten, die Potentialparameter werden aber über den isothermen Kompressibilitätskoeffizienten und den isochoren Spannungskoeffizienten eingeführt. Sie sind in Form der VAN DER WAALS-Konstanten mit in Tab. 1 enthalten. Zur Bestimmung der Kontaktwechselwirkung können die Moleküle in Segmente zerlegt werden, was für einfache Flüssigkeiten uninteressant ist. Ein Vorteil des FLORYschen Modells ist, daß mit ihm relativ einfach Beziehungen zwischen den energetischen Exzeßfunktionen und dem Exzeßvolumen hergestellt werden können, aus denen der Kontaktwechselwirkungsterm eliminiert werden und damit eine experimentelle Mischungsgröße zur weiteren Berechnung benutzt werden kann.

Störungstheorie von HENDERSON *und* BARKER [19]

Diese Theorie soll die Schwierigkeiten und den entscheidenden Mangel des VAN DER WAALSschen 2-Flüssigkeitsmodells (und der meisten anderen Modelle) nämlich die Abhängigkeit vom Prinzip der korrespondierenden Zustände umgehen. Diese Annahme ist mit Sicherheit willkürlich und physikalisch fragwürdig. Bei Mehrstoffsystemen chemisch sehr unterschiedlichen Komponenten (selektiven Stofftrennung) wird

$$u_{11}(r) \neq u_{22}(r)$$

sein, auch in bezug auf die Gestalt der Kurven.

Das Modell von HENDERSON und BARKER stellt eine Anwendung der von beiden Autoren für reine Flüssigkeiten entwickelten Störungstheorie auf binäre Systeme dar.

Die Theorie enthält als Elemente die Gleichungen (10), (12) und (13). Als Bezugsflüssigkeit dient eine Mischung harter Kugeln. Für die radiale Verteilungsfunktion werden die Resultate der PERCUS-YEVICK-Näherung benutzt. Form und Tiefe der Potentialkurve werden durch zwei Parameter variiert, die durch Wahl der Hartkugeldurchmesser wieder eliminiert werden. Dieses Verfahren ist aber im binären System nicht mit Gl. (11) konsistent, für die es bisher aber nur PERCUS-YEVICK-Näherungen gibt. Damit erweist sich die Theorie als inkonsistent.

Variationstheorie von MANSOORI *und* LELAND [21]

Die freie Energie A des zu berechnenden Systems und A_0 des Bezugssystems unterscheiden sich nicht nur durch die analoge Differenz der Zustandsfunktionen, d.h.

$$A \leqq A_0 + (Z_{HK} - Z_0) \tag{33}$$

Die Zustandsfunktionen werden über die radialen Verteilungsfunktion mit dem Hartkugelmodell und dem Paarpotential der Mischung ausgedrückt und die rechte Seite in bezug auf die Hartkugeldurchmesser minimiert. Für die Mittelung der Potentialparameter werden die Gleichungen (14) und (12) benutzt.

Tunnelmodell

1961 entwickelte Barker [2] ein Modell, bei dem das Konfigurationsintegral[18] in einen longitudinalen und einen transversalen Anteil zerlegt wird. Malijewsky und Pick [20] haben diese Theorie mit dem Prinzip der korrespondierenden Zustände verknüpft und auf Mehrstoffsysteme angewandt. Die Potentialparameter der Mischung wurden über Regeln von Berthelot und von Lorentz erhalten.

Revidierte Theorie der konformaten Lösung [21]

Mansoori und Leland haben ihre Variationstheorie mit 1- und 2-Flüssigkeitsmodellen entwickelt [18]. 1972 haben sie die Minimierung der Differenz in Gl. (33) durch eine Entwicklung der radialen Verteilungsfunktion um den Hartkugelterm (HSE)[12] ersetzt. Wesentlich ist dabei, was auch schon in der Störungstheorie versucht wurde, daß als Idealzustand der Mischung nicht die Mischung idealer Gase, sondern die Mischung harter Kugeln benutzt wurde[13]. Die Verwendung des HKP[14] in exakter analytischer Darstellung ermöglicht einen Verzicht auf das Prinzip der korrespondierenden Zustände. Damit sind aber die Formen der Potentialkurven der Komponenten nicht mehr gleich, was zur Folge hat, daß Vereinfachungen der Gleichungen zu Berechnung von Zustandsfunktionen nicht mehr möglich sind, oder anders ausgedrückt, Gl. (10) mit drei verschiedenen Faktoren versehen benutzt werden muß, wobei sich diese Faktoren mit der Temperatur unterschiedlich ändern. Aus diesen Bedingungen resultiert in der Berechnung der Exzeßfunktionen ein weiterer Parameter, c_0, auf den die Werte für G^E sehr empfindlich reagieren. Für die Potentialmittlung wird Gl. (14) benutzt.

Berechnungen mit der Monte-Carlo-Methode

Mit Hilfe moderner Rechenmaschinen ist es möglich, die radialen Verteilungsfunktionen eines Systems harter Kugeln und von Systemen, bei denen zwischenmolekulare Wechselwirkungen auftreten, zu berechnen. Der Vorteil liegt weniger in der Übereinstimmung mit experimentellen Werten als in der Prüfung theoretischer Modelle. Wegen der Unkenntnis der Korrekturfaktoren der Gleichungen (19 bis (21) kann ein theoretisches Modell nur zufällig an einem realen System überprüft werden. Der Vergleich mit Mischungsfunktionen, die mit Hilfe von Monte-Carlo-Rechnungen (oder Methoden der Molekulardynamik) unter Anwendung der Berthelot- und Lorentz-Regel berechnet wurden, erlaubt zunächst eine Aussage, ob das theoretische Modell unter gleichen Bedingungen ein etwa übereinstimmendes Ergebnis liefert. Wenn das der Fall ist, müssen die Differenzen zu realen Systemen in den Abweichungen der Mischparameter ε_{ij} und σ_{ij} von den genannten Regeln gesucht werden.

Das makroskopische System wird durch ein Modell von 108 [27] oder wenige hundert Teilchen nachgebildet. Die Berechnung kann über die kanonische Gesamtheit, NVT [27] oder über die druckkonstanten Funktionen NpT [24] erfolgen.

6. Vergleichende Auswertung

6.1. Vergleich mit experimentellen Werten

Tab. 4 enthält experimentell gewonnene Werte der Exzeßfunktionen G^E, H^E, TS^E und V^E von Mischungen einfacher Flüssigkeiten. Die Literaturstellen sind in [23][16] angegeben. Die Werte schwanken zum Teil, was an der schwierigen experimentellen Technik liegt. Bei mehreren Angaben wurden Mittelwerte gebildet. In Tab. 5 sind die Vergleiche zwischen Mo-

Tabelle 4

System	T *K*	G^E *J*/mol	H^E (x = 0,5)	TS^E	V^E cm³/mol
Ar –Kr	116	84			– 0,52
$-N2_2$	84	34	50,5	16,5	– 0,18
$-OO_2$	84	37	59,8	22,8	– 0,136
–CO	84	57			+ 0,099
$-CH_4$	91	74	103	29,0	+ 0,18
Xe –Kr	161	115			
O_2 $-N_2$	84	39	41,8	2,8	– 0,31
CO $-N_2$	84	23			+ 0,127
$-CH_4$	91	115	107,5	– 7,5	– 0,32
CH_4-CF_4	111	360			+ 0,88
$-C_3H_8$	100	192	113	– 79	
$-N_2$	91	141,5			– 0,21
–Kr	116	28			0,00

Tabelle 5

	Ar–Kr			Ar–N_2			Ar–CO		
	G^E	H^E	V^E	G^E	H^E	V^E	G^E	H^E	V^E
Random Mixtures	–		–	–	–	–	–		–
Durchschn. pot. mod.	–		+	–	–	–	+		–
VdW 1-L	–		–	–	+	–	–		–
VdW 2-L	–		–		+	+	–	–	–
PERCUS-YEVICK	–			–	–				
Perturbation	–		+	+	–	–	–		–
Variation	–		–	+	+	–	–		–
Monte-Carlo, pT	–		–	+	–	–	–		–
Monte-Carlo, VT	–		+	+	+	+	–		–
Guggenheim +)			–		+	–			–
Frisch +)			–		+	–			–
Thiele +)			–		+	–			–
Scott I +)			–		–	–			–
Scott II +)			–		–	–			–
Virial +)			–		+	–			–
HSE	–		+	+	+	+	–		–
Flory				–		–			
Tunneltheorie	–		–	–	+	+	+		–

dell und Praxis zusammengestellt. (+) bedeutet, daß die Abweichungen innerhalb $\pm 20\%$ liegen. Leere Felder bedeuten, daß ein Vergleich nicht möglich ist.[17] Die Modelle unter Verwendung der verschiedenen Zustandsgleichungen können insofern nicht voll bewertet werden, als der Parameter ξ_{ij} (Gl. (22)) aus experimentellen Werten bestimmt wurde. Ebenso ist bei dem FLORY-Modell zu berücksichtigen, daß der Wechselwirkungsparameter des Kontaktterms aus experimentellen Mischungsenthalpien berechnet worden ist. Von 205 berechneten Ergebnissen stimmen innerhalb $\pm 20\%$ 49 Werte, das sind 24%, mit den experimentellen Werten überein. Vier Modelle haben einen relativ großen Anteil richtiger Voraussagen:

VAN DER WAALSsches 2-Flüssigkeitsmodell	44%
Tunnelmodell	41%
Monte Carlo, NVT	37,5%
*H*ard *S*phere *E*xpansion technique	33%

Insgesamt kann aber daraus auf noch kein brauchbares Modell zur Berechnung von Mischungsfunktionen einfacher Mischungen geschlossen werden.

Ar–CH_4			Ar–O_2			N_2–O_2			N_2–CO			CO–CH_4		
G^E	H^E	V^E	G^E	H^E	V^E	G^E	H^E	V^E	G^E	H^E	V^E	G^E	H^E	V^E
−	−	−				−	−	−				−	+	−
−	−	−	−	−	−	−	−	−	−		−	+	+	−
−	−	−	−	−	−	+	+	−	−		−	−	−	−
−		−		+	+	−	+	+				−	+	−
						−	−					−	−	
−	−	−	−	−	−	+	+	+	−		−	−	−	−
−	−	−										−	−	−
−	−	−				+	+	−				−	−	−
−	−	−				+	+	−				−	−	−
	+	−		+	−		+	+			+		+	−
	+	−		+	−		+	+			+		+	−
	+	−		+	−		+	+			+		+	−
	−	−		+	−		+	+			+		+	−
	−	−		+	−		+	+			+		+	−
	+	−		+	−		+	+			+		+	−
−	−	−	−	−	−	+	+	+	−		−	−	−	−
−		−	+		−	+		−						
−	+	−	−	−	−	+	+	−	−	−	−	+	+	+

6.2. Der Vergleich mit Monte-Carlo-Rechnungen

In Tab. 6 sind die Ergebnisse von Monte-Carlo-Rechnungen für sechs Systeme und Angaben über die Übereinstimmung anderer Modelle innerhalb 10 bzw. 20% mit diesen Ergebnissen eingetragen. Die durchschnittliche Übereinstimmung ist z.T. sehr gut.

Modell	innerhalb 10%	innerhalb 20%
Perturbation	50%	89%
HSE	56%	78%
Variation	61%	72%
VdW, 1-L	61%	72%
VdW, 2-L	17%	33%
Tunnel	–	17%

Sie widerspricht aber den Ergebnissen von Tab. 4. Das Tunnelmodell stimmt mit experimentellen Werten gut, mit dem Monte-Carlo-Ergebnis schlecht überein, bei VdW 1-L-, Perturbation- oder Variation-Modell ist es umgekehrt, obwohl bei Differenzen der Ergebnisse zwischen MC,

Tabelle 6

	Ar–Kr			$Ar-N_2$			Ar–CO		
	G^E	H^E	V^E	G^E	H^E	V^E	G^E	H^E	V^E
MC, NVT	+45	−18	−0,60	+35	+40	−0,25	27	34	−0,17
MC, NpT	+46	−29	−0,69	+35	+16	−0,23	26	37	−0,17
VdW, 1-L	×	×	×	××	×	×	×	×	×
VdW, 2-L			●			●	●		×
Perturbation	●		×	×	○	×	●	●	×
Variation	×		×	●	×	●	×	×	×
HSE	●		×	×	×	×	×	●	●
Random Mixtures									
DPM									
Flory									
Tunnel						●			

NVT und MC, NpT immer der erste Wert berücksichtigt wurde. Damit müssen zwei Schlüsse gezogen werden:

a) Offensichtlich beschreibt das Konzept der Zustandsgleichung das statistisch-mechanische Verhalten von binären Mischungen richtig.

b) Alle Abweichungen sind unter Voraussetzung der Brauchbarkeit des LENNARD-JONES-Potentials auf die Mittelbildung der Potentialparameter zurückzuführen.

Offen bleibt, warum z.B. bei dem Tunnelmodell eine wesentlich bessere Übereinstimmung mit dem experimentellen Wert gefunden wurde.

6.3. Berücksichtigung des Korrekturfaktors ξ_{ij}

In Ergänzung zu der Aussage von Tab. 3 sind zur Verwendung eines solchen Korrekturfaktors folgende Anmerkungen zu machen:

a) Es werden experimentelle Ergebnisse von Mischungen gebraucht.

b) ζ_{ij} ist in den meisten Fällen kleiner als 1, d.h. der Wechselwirkungsparameter ε_{ij} ist kleiner als das geometrische Mittel.

c) Der Wert von ζ_{ij} wächst offensichtlich mit dem Molvolumen der das System bildenden Komponenten

Ar–Kr	ζ_{ij}	= 0,989
$Ar-CH_4$		= 0.975
CH_4-CF_4		= 0,975

Ar – CH_4			N_2 – O_2			CO – CH_4			×	× + 0
G^E	H^E	V^E	G^E	H^E	V^E	G^E	H^E	V^E		
–10	–35	–0,13	38	48	–0,25	76	13	–0,68		
–14	–60	–0,22	38	39	0 –,28	77	15	–0,76		
			●	●	×	×		×	61%	72%
					×	×			17%	33%
×	●	×	×	●	×	●		×	50%	89%
× ×	×	×				×		×	61%	72%
●		●		×	×	×		×	56%	78%
									0%	0%
									0%	0%
			●							
				●	●					

G^E, H^E in J mol^{-1} (× = 0,5) × = ±10% des MC, NTV-Wertes
V^E in cm^3 mol^{-1} (× = 0,5) ● = ±30% des MC, NTV-Wertes.

d) Die Einführung von ζ_{ij} und seine Berechnung aus G^E-Werten führt auch weiterhin zu erheblichen Differenzen

$$X^E_{\text{ber.}} - X^E_{\text{expt.}} \text{ bei } H^E,\ S^E \text{ und } V^E.$$

Singer und Singer [27] haben mit Hilfe der Monte-Carlo-Rechnungen den Einfluß von Abweichungen von Gl. (12) und (13) berechnet. Die Ergebnisse besagen, daß der Einfluß von ε_{ij} auf G^E und H^E groß ist – 1% Änderung entsprechen etwa 34 bzw. 48 J/mol – der auf V^E gering. Der Einfluß von σ_{ij} ist auf H^E null, auf G^E beträgt er etwa ein Drittel des Einflusses von ε_{ij}, und auf V^E ist er logischerweise beträchtlich.

e) Der Einfluß des Korrekturfaktors ist gleichbedeutend mit der Wahl einer anderen Mischungsregel. So folgt z. B. aus Gl. (20) und Gl. (14)

$$\xi_{ij} = 2\sqrt{\varepsilon_{ij}/\varepsilon_{ii}}/(1 + \varepsilon_{jj}/\varepsilon_{ii})$$

Mit den besten Potentialparametern für Argon (ε/k = 119,8 K) und Krypton (ε/k = 167 K) folgt für ξ_{ij} = 0,948. Damit wird $G^E_{\text{ber.}}$ = 95 J/mol in wesentlich besserer Übereinstimmung mit dem experimentellen Wert von 84 J/mol.

Abb. 2 zeigt den Einfluß von Gl. (12) und Gl. (14) auf $G^E_{(x)}$ beim System Ar – Kr [19]. Der Effekt ist nicht ganz so groß wie bei der Monte-Carlo-

Rechnung [27], aber die 5% Änderung in ε_{12} machen im VdW−1 LM etwa 45 J/mol und 58 J/mol im HSE-Modell (in beiden Fällen im Maximum der Kurve) aus.

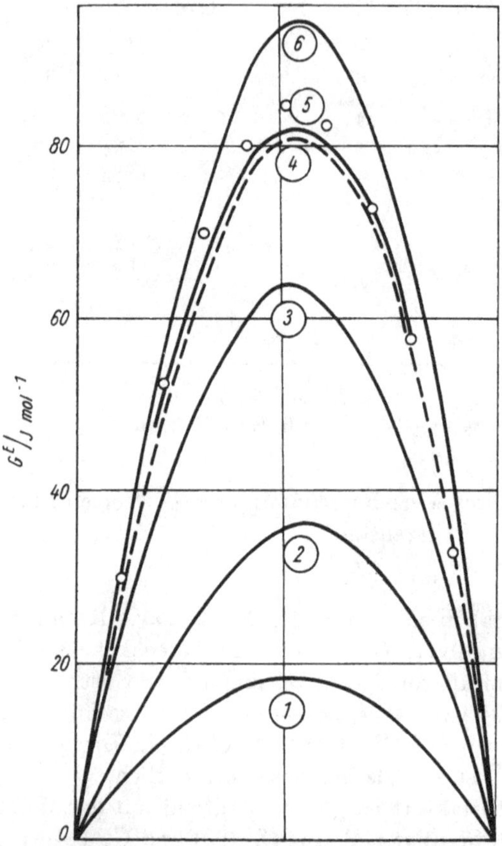

Abb. 2. G^E des Systems Ar−Kr, T = 116,8 K.

1 VAN DER WAALS-1-Flüssigkeitsmodell (VdW-1 LM) mit Gl. (12) und Gl. (13).
2 HSE-Modell mit mit Gl. (12) und Gl. (13).
3 VdW-1 LM mit Gl. (14) und Gl. (13).
4 HSE-Modell mit Gl. (14) und Gl. (13) und Dreikörperwechselwirkung.
5 HSE-Modell mit Gl. (14) und Gl. (13) C_0 = 0,98.
6 HSE-Modell mit Gl. (14) und Gl. (13) C_0 = 1,0.
○ experimentelle Punkte.

6.4. *Drei*körperwechselwirkungen

MANSOORI und LELAND [21] haben bei der Ableitung des HSE-Modells auch Dreikörperwechselwirkungen berücksichtigt. Abb. 2 zeigt, daß im System Ar—Kr die Berücksichtigung dieser Wechselwirkungen etwa den gleichen Effekt ausmacht, wie eine Änderung des Parameters c_0 um 2%.

7. *Schlußfolgerungen für die Theorie der Mischung einfacher Flüssigkeiten*

Die Zusammenfassung der bisher diskutierten Ergebnisse läßt folgende Schlüsse zu:

I. Im letzten Jahrzehnt ist die theoretische Einsicht in die Struktur flüssiger Mischungen wesentlich vertieft worden. Besonders scheint die Wahl der Zustandsgleichung für die reine Komponente und das Lösungsmodell klarer geworden zu sein. Dagegen ist das Problem der Mittelbildung nicht gelöst.

II. Die Übereinstimmung zwischen experimentellen und theoretisch berechneten Werten ist noch nicht befriedigend, systematische Fehler sind nicht erkennbar, was auch dadurch verhindert wird, daß zwischen den einzelnen Modellen keine sich regelmäßig ändernden Unterschiede bestehen.

III. Die Übereinstimmung der neueren Modelle mit den Ergebnissen der Monte-Carlo-Rechnung läßt zwar das Zustandsgleichungsglied (Gl. 31) als sicher erscheinen. Auf der anderen Seite zeigen sich aber die Differenzen zu den experimentellen Werten, daß die Anwendung der VAN DER WAALSschen Methode noch sehr problematisch ist.

8. *Ausblick auf Systeme aus komplizierter gebauten Molekülen*

8.1. Die Nichtübereinstimmung zwischen experimentellen und aus theoretischen Ansätzen berechneten Mischungsfunktionen bei binären Systemen einfacher Flüssigkeiten läßt von vornherein erwarten, daß diese Ansätze für binäre Systeme aus komplizierter gebauten Molekülen noch weniger geeignet sind. Das schließt nicht aus, daß zufällig auch einigermaßen richtige Ergebnisse erhalten werden können.

In einer Reihe von Arbeiten wurden oben genannte Systeme berechnet und zwar:

a) mit den Zustandsgleichungen von VAN DER WAALS, FRISCH, CARNAHAN/STARLING und der in Tab. 2 nicht ausgeführten Zustandsgleichung von MANSOORI, CARNAHAN, STARLING, LELAND

$$
\begin{aligned}
Fu(y) &= 1 + y + y^2 - 3y(A_1 + A_2y) - A_3y^3 \\
A_1 &= x_1x_2(b_1^{2/3} - b_2^{2/3})/\Sigma x_i b_i \\
A_2 &= x_1x_2(b_1b_2)^{1/3}\,(b_1^{1/3} - b_2^{1/3})\,(x_1b_1^{2/3} + x_2b_2^{2/3})/(\Sigma x_i b_i)^2 \\
A_3 &= (x_1b_1^{2/3} + x_2b_2^{2/3})^3/(\Sigma x_i b_i)^3
\end{aligned}
\tag{34}
$$

für die Systeme CCl_4-CMe_4, $CCl_4-nC_6H_{14}$, $nC_6H_{14}-nC_7H_{16}$, $nC_6H_{14}-nC_{16}H_{34}$, $nC_6H_{14}-cC_6H_{12}$, $nC_6H_{14}-nC_6F_{14}$ $nC_6H_{14}-C_6H_6$, $C_6H_6-C_6H_5Me$, $C_6H_6-CH_3OH$, $CHCl_3-Me_2CO$ CCl_4-Et_2O
für das 1- und 2-Flüssigkeitsmodell, wobei ζ_{12} aus experimentellen H^E-Werten gewonnen wurde [1];

b) mit den Zustandsgleichungen von VAN DER WAALS, SCOTT I und THIELE für das 1- und 2-Flüssigkeitsmodell, wobei die Parameter der Zustandsgleichung einmal aus $T_{\text{krit.}}$ und $\bar{V}_{0,\text{krit.}}$ zum anderen aus dem Spannungskoeffizienten

$$
\beta = (\partial p/\partial T) \tag{35}
$$

und die Korrekturfaktoren ξ_{12} aus experimentellen H^E-Werten gewonnen wurde, für die Systeme $CCl_4-cC_6H_{12}$ und $C_6H_6-C_6H_{12}$ [11];

Tabelle 7

System	ξ_{12}	n	$G^E/J\ mol^{-1}$ exp.
CCl_4-CMe_4	0,967 – 0,993	6	317
$CCl_4-nC_6H_{12}$	0,982 – 0,994	12	71
$CCl_4-nC_6H_{14}$	0,971 – 0,991	6	143
$nC_6H_{14}-nC_7H_{16}$	0,966 – 0,997	5	0
$nC_6H_{14}-nC_{16}H_{34}$	0,926 – 0,970	5	–71
$nC_6H_{14}-cC_6H_{12}$	0,907 – 0,962	6	71
$nC_6H_{14}-nC_6F_{14}$	0,762 – 0,854	6	1370
$C_6H_6-cC_6H_{12}$	0,903 – 0,966	12	326
$C_6H_6-nC_6H_{14}$	0,907 – 0,962	6	317
$C_6H_6-C_6H_5Me$	0,991 – 0,996	6	119
$C_6H_6-CH_3OH$	0,937 – 0,974	6	1270
$CHCl_3-Me_2CO$	1,121 – 1,250	6	–500
CCl_4-Et_2O	1,036 – 1,056	6	–493
		88	

c) mit den Zustandsgleichungen von VAN DER WAALS, GUGGENHEIM, FRISCH jeweils mit dem 1- und 2-Flüssigkeitsmodell, und von FLORY und SNIDER/HERRINGTON

$$Fu(y) = \{[1 + y(x) + \{y(x)\}^2] - \\ - 3x(1-x)(y_A^{1/3} - y_B^{1/3})[y_A^{1/3} + y_B^{1/3} + \\ + y_A^{1/3} y_B^{1/3} \{(1-x) y_A^{2/3} + x y_B^{2/3}\}]\} (1 - y(yx))^3 \quad (36)$$

mit

$$y(x) = [(1-x) y_A + y_B$$

wobei ξ_{12} aus G^E-Werten gewonnen wurde, für die Systeme Octamethylcyclotetrasiloxan ((OMCTS)$-cC_5H_{10}$, $-C_6H_5$, $-CCl_4$ und $cC_5H_{10}-cC_8H_{16}$ [23].

Die Ergebnisse sind in den Tabellen 7(a) und (b) und 8(c) zusammengefaßt. Dabei ist n die Anzahl der benutzten Modelle mit denen jeweils zwei Mischungsfunktionen berechnet wurden.

Schlußfolgerungen:

– Von 240 berechneten Fällen liefern 17, das sind 7%, innerhalb ±10% und 56, das sind 23,5%, innerhalb ±50% Übereinstimmung zwischen Experiment und Theorie.

(x = 0,5) ber.	V^E/cm³ mol⁻¹ (x = 0,5) exp.	ber.	n ±10%	n ±50%
243–281	0,5	0,5 –1,2	1	9
83–134	0,16	–0,01–(+)0,27	2	7
210–223	–0,16	–0,33–(+)0,04	2	2
18–24		–0,01–(+)0,06	–	–
92–203	–0,58	–3,6 –(+)0,7	–	–
146–161	0,18	–0,12–(+)0,17	1	1
1354–1480	5,4	8,0 –21,5	6	7
533–758	0,65	0,04–1,86	2	2
560–609	0,46	0,37–1,41	1	4
44–50	0,86	–0,01–(+)0,1	–	–
267–380	0,07	–0,48–(+)0,48	–	–
–1256–(–)1500	–0,13	–2,54–(–)2,63	–	–
–273–(–)303	–0,72	–1,56–(–)1,74	–	6
			15	38
			8,5%	22%

Tabelle 8

System	12	n	H^E/J mol⁻¹ exp.
$cC_5H_{10}-cC_8H_{16}$	0,979–1,061	8	–40,5
cC_5H_{10}–OMCTS	0,888–0,994	8	212
C_6H_6–OMCTS	0,785–0,988	8	793
CCl_4–OMCTS	0,837–1,009	8	163
		32	

– Die Systeme lassen sich in verschiedene Gruppen einteilen:

a) beide Komponenten sind kugelförmig (CCl_4, CMe_4, OMCTS),
b eine Komponente ist kugelförmig, die zweite unpolar,
c) beide Komponenten sind unpolar gesättigte Kohlenwasserstoffe,
d) das System $nC_6H_{14}-nC_6F_{16}$ (Fluorkohlenwasserstoffe verhalten sich in den meisten Fällen außergewöhnlich),
e) Benzol mit un- oder schwachpolaren Kohlenwasserstoffen,
f) Systeme mit spezifischer Wechselwirkung.

– Bezogen auf diese Gruppen ergeben sich folgende Anteile an Übereinstimmung mit den experimentellen Werten innerhalb 10% bzw. 50%

a) $\pm 10\%$:	3,5%	$\pm 50\%$:	43%
b)	8%		23%
c)	4%		10%
d)	50%		58%
e)	6%		22%
f)	–		17%

Im System Hexan-Perfluorhexan wird die freie Exzeßenthalpie (exptl.: 1370 J/mol bei 308 K und $x = 0{,}5$) innerhalb 270 J/mol bei allen Modellen gefunden. Offensichtlich spielt hier die Größe der Exzeßfunktionen eine Rolle, d.h. die theoretischen Lösungsmodelle enthalten soviel physikalische „Wahrheit", daß sie in der Lage sind, X^E-Werte innerhalb ± 300 J/mol und ± 5 cm³/mol wiederzugeben[20]. Je nach Größe des X^E-Wertes fallen nun die berechneten Werte in den zugelassenen %-Bereich oder nicht. In die genannten Absolutwerte ordnen sich 85% der 240 berechneten Exzeßfunktionen ein.

– Die ζ_{12}-Werte bewegen sich in den Grenzen von 0,762 bis 1,250. Sie schwanken z.T. auch erheblich zwischen den einzelnen Modellen. Wenn

(x = 0,5) ber.	V^E/cm³ mol⁻¹ (x = 0,5) exp.	ber.	n ±10%	n ±50%
−48−(+)11	−0,283	−0,09−(−)1,03	1	4
−45 −(+)480	0,046	−12,0−(+)0,47	—	3
422−1083	−0,009	−11,4−(+)0,83	1	8
59−568	−0,252	−11,7−(+)0,43	—	3
			2	18
			3,1%	28%

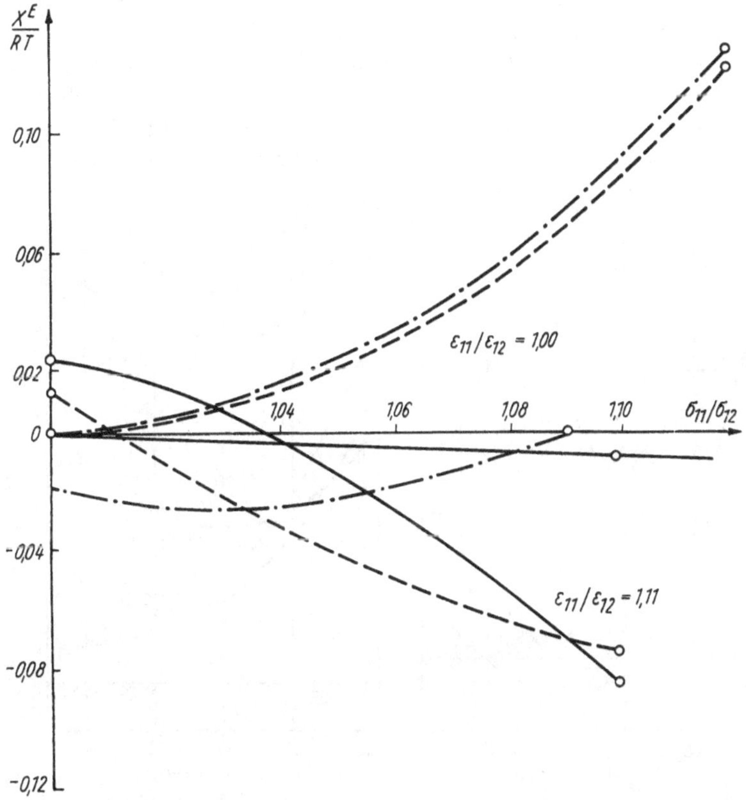

Abb. 3. X^E/RT als *Fu* $(\sigma_{11}/\sigma_{12})$ bei $\varepsilon_{11}/\varepsilon_{12} = 1{,}0$ und 1,11
○ : $X^E = G^E$ ———
□ : $X^E = H^E$ – – –
○ : $X^E = TS^E$ –·–·–

es nicht gelingt, eine theoretische oder systematische Erklärung für dieses Verhalten zu finden, dürfte die Verwendung von Gl. (20) zu keiner brauchbaren Methode zur Berechnung von Mischungsfunktionen führen.

– Systeme mit einer spezifischen Wechselwirkung (Wasserstoffbrücken, Elektronen-Donator-Akzeptor-Wechselwirkung) sind über Modelle mit Zustandsgleichungen offensichtlich nicht zu berechnen.

8.2. Für die Brauchbarkeit eines theoretischen Modells ist ein entscheidendes Kriterium, ob es negative Werte von G^E und unterschiedliche Vorzeichen bei verschiedenen Exzeßfunktionen zuläßt. Die Theorie der konformalen Lösung führt in ihrer ursprünglichen Fassung nur zu vorzeichengleichen X^E-Werten. Mit extremen ξ_{12}-Werten sind, wie Tab. 7 zeigt, negative freie Exzeßenthalpien berechenbar. Monte-Carlo-Rechnungen führen zu negativen G^E-Werten, wenn das Verhältnis der Wechselwirkungsparameter ε_{ii} der reinen Komponenten groß wird (>1). Der Betrag wird umso negativer, je mehr auch das Verhältnis der Abstandspara-

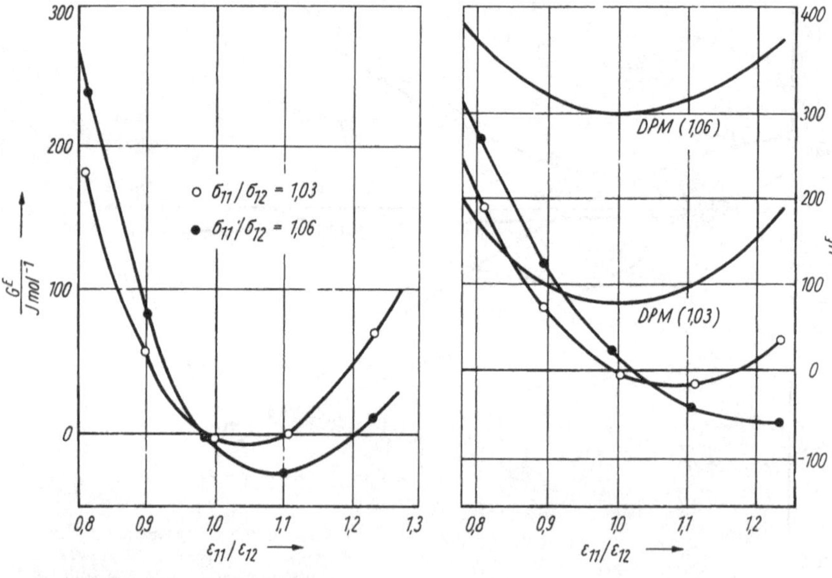

Abb. 4. G^E/J mol^{-1} und H^E/J mol^{-1} ($T = 100$K) als $Fu(\varepsilon_{11}/\varepsilon_{12}, \sigma_{11}/\sigma_{12})$
○ Monte-Carlo-Rechnung $\sigma_{11}/\sigma_{12} = 1{,}03$
● Monte-Carlo-Rechnung $\sigma_{11}/\sigma_{12} = 1{,}06$
DPM = Durchschnittspotentialmodell.

meter zunimmt[21] (Abb. 3). VAN DER WAALS-Modell, Störungstheorie, Variationstheorie und HSE-Modell geben etwa die gleichen Kurven. Abb. 4 zeigt, daß dieses Gebiet negativer Exzeßfunktionen bei 100 K für

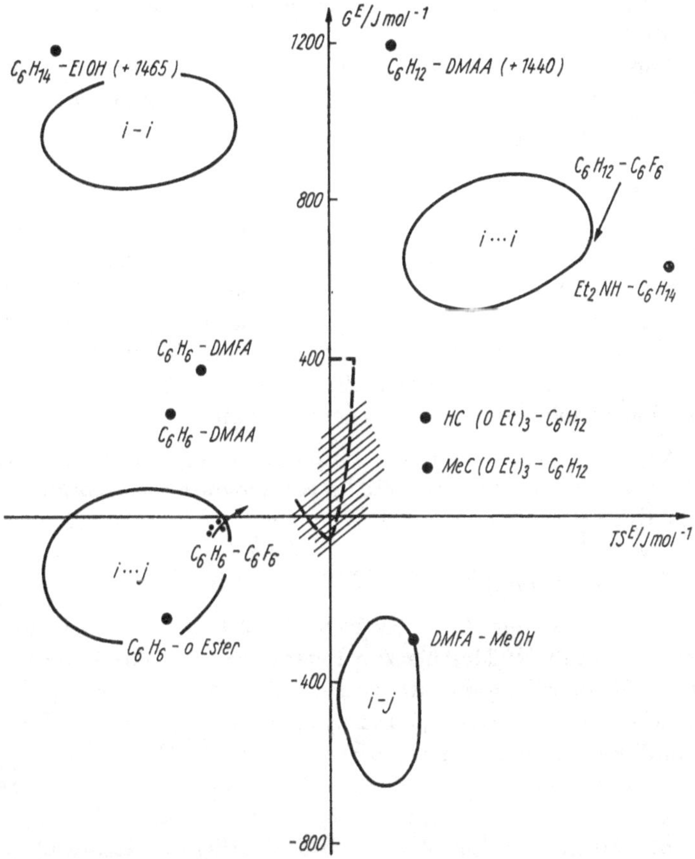

Abb. 5. Gesamtfeld der Exzeßfunktion G^E/TS^E

○ Werte bei einer Temperatur

——— Werte bei mehreren Temperaturen

– – – X^E mit $\varepsilon_{11}/\varepsilon_{12} = 1{,}11$, $\sigma_{11}/\sigma_{12} = 1{,}03$

///// Gebiet, das mit Monte-Carlo-Rechnungen erfaßt werden kann.

DMFA Dimethylformamid

DMAA Dimethylacetamid

○ · Ester $HC(OEt)_3$

$MeC(OEt)_3$ (Weitere Erläuterungen im Text)

G^E relativ begrenzt ist, und daß insbesondere größere Differenzen zwischen den Potentialparametern der reinen Komponenten wieder zu positiven G^E-Werten führen[22].

Das gilt übrigens auch bei weiterer Vergrößerung von σ_{11}/σ_{12}. Exzeßenthalpie H^E und Exzeßentropie S^E können auch negative Beträge haben (Abb. 3).

Abb. 5 zeigt das gesamte Feld der Exzeßfunktionen, die durch die GIBBS-HELMHOLTZ-Gleichung miteinander verknüpft sind

$$G^E = H^E - TS^E \tag{37}$$

Eingezeichnet sind:

a) das Gebiet, das etwa mit Monte-Carlo-Rechnung oder VAN DER WAALS-Modellen (mit $\xi_{ij} \sim 1$) wiedergegeben werden kann;

b) die Gebiete, in denen vornehmlich Systeme mit starker[23] Eigenassoziation $(i—i)$, schwacher Eigenassoziation $(i \cdots i)$, schwacher ij-Kopplung $(i \cdots j)$ und starker ij-Kopplung $(i—j)$ liegen;

c) eine Reihe ausgewählter Systeme, die z. T. Systemen mit Selektivlösungsmitteln (Stofftrennung) entsprechen.

Aus der Abbildung folgt, daß die besten gegenwärtig entwickelten Modelle nur einen kleinen Teil der real möglichen Exzeßfunktionen binärer flüssiger Systeme beschreiben können.

9. *Schlußfolgerungen*

9.1. Die auf der Basis der VAN DER WAALSschen Gleichung entwickelten theoretischen Modelle zur Berechnung der Mischungsfunktionen binärer flüssiger Systeme stellen gegenüber den vor etwa 20 bis 25 Jahren entwickelten Modellen (Random mixture, konformale Lösung, Durchschnittspotentialmodell) einen Fortschritt dar. Es gibt aber z. Z. auf dieser Basis keinen gesicherten Weg zur Berechnung der Mischungsfunktionen. Ihre Größe muß experimentell bestimmt werden.

9.2. Das Schlüsselproblem ist offensichtlich die Kenntnis der zwischenmolekularen Wechselwirkungsparameter in der Mischung. Besonders Systeme, bei denen in der Mischung zusätzliche Wechselwirkungen auftreten (z. B. Elektronen-Donator-Akzeptor-Wechselwirkungen [5]) entziehen sich der Berechnung.

9.3. Neben der Verwendung von Zustandsgleichungen sind andere Mischungstheorien weiter zu entwickeln und auf ihre Anwendbarkeit zu prüfen:

— Erweiterungen der Theorie der regulären Lösung

- Gittertheorien
- Theorien, die auf makroskopischen mit der zwischenmolekularen Wechselwirkung verbundenen Parameter aufbauen.

9.4. Polynäre Systeme, deren Kenntnis für die Berechnung von Stofftrennverfahren nötig ist, müssen experimentell bestimmt werden. Dabei ist ebenso wie bei den binären Systemen als Basis für den Vergleich mit theoretischen Modellen eine hohe Genauigkeit erforderlich.

Anmerkungen

1. Eine Analyse der für solche Berechnungen erforderlichen Genauigkeit kann auch zu dem Ergebnis führen, daß entsprechende Werte für die reinen Komponenten oder eine Linearkombination solcher Werte ausreichend ist (s. z. B. [9]).
2. Die Gleichungen (1) und (2) sind Prototypen entropischer Funktionen, für nichtentropische Funktionen gelten

$$Y^M = \Sigma x_i Y_{0i} \tag{1'}$$

$$Y_i^{id} = Y_{0i} \tag{2'}$$

3. Mit den Gleichungen (3) bis (7) wird auf das ideale Verhalten normiert. Andere Normierungen sind auch möglich, ändern aber an den prinzipiellen Überlegungen nichts (s. z. B. [6]).
4. Eine Exzeßfunktion ist als die Differenz zwischen der experimentellen mittleren molaren Funktion und dem Anteil für ideales Verhalten definiert

$$G^E = G^M - (\Sigma x_i \mu_{0i} + RT\, \Sigma x_i \ln x_i)$$

$$Y^E = Y^M - \Sigma x_i Y_{0i}.$$

5. Geschlossene ternäre Mischungslücken bei homogenen binären Systemen zeigen allerdings, daß ternäre Wechselwirkungen, (ijk oder iij usw.) eine Rolle bei der Verringerung der freien Mischungsenthalpie spielen können, und das ternäre System dadurch in den Entmischungsbereich kommt $\partial^2 G^M/\partial x^2 > 0$).
6. Heute wird der Zustand zwischen dem idealen Gas und dem Festkörper oft als „fluid" bezeichnet, innerhalb dieses Zustandes kann man Gebiete unterschiedlicher Dichte unterscheiden, der Zustand mit höherer Dichte ist die eigentliche flüssige Phase.
7. Versuche zur Berücksichtigung von Dreikörperwechselwirkungen nehmen zu, scheinen aber für Flüssigkeiten gegenwärtig noch keine Anwendung zu ermöglichen (s. Abschnitt 6.4!).
8. Aus der LONDONschen Theorie folgt für $G^E(x)$ [11]

$$\frac{G^E}{x_i x_j} = U_{ii} + U_{jj} - \frac{4\alpha_r U_r V_r \Delta U_{ji}}{(U_r V_r^2 + \alpha_r^2)} \tag{17a}$$

mit $X_r = X_{ii}/X_{jj}$, U_{ii} = Verdampfungsenergie.

9. Dieser Fall wird ebenso wie die Gleichungen (13 – 17) hier nicht weiter verfolgt. Diese Funktionen spielen eher bei Systemen aus komplizierter gebauten Molekülen eine Rolle.
10. Zweite Virialkoeffizienten lassen sich am besten mit einem 3-Flüssigkeitsmodell beschreiben, was bei flüssigen Mischungen nicht zweckmäßig ist. D.h., daß der Zustand „flüssig“ doch wesentliche Unterschiede zum „verdünnten realen Gas“ aufweist.
11. Innerhalb homologer Reihen oder sich anders nur wenig und kontinuierlich ändernder Stoffklassen gibt z. B. $U(V)$ lineare Abhängigkeiten.
12. hard sphere expansion.
13. D.h. die Exzeßeigenschaften sind zunächst anders definiert. Da aber A^M (oder G^M) berechnet wird, kann G^E nach Gl. (6) aus dem Ergebnis erhalten werden.
14. Die Struktur der flüssigen Phase wird in der Hauptsache durch den Abstoßungsterm in Gl. (10) bestimmt, während entsprechend der VAN DER WAALSschen Erklärung der Attraktionsterm den inneren Druck und die Dichte der flüssigen Phase bestimmt.
15. Das Konfigurationsintegral ist der Zustandssumme eines kanonischen Ensembles proportional, während die radiale Verteilungsfunktion des Verhältnisses die Wahrscheinlichkeiten angibt, ein unabhängiges Teilchen oder ein Teilchen unter Wechselwirkung in einem Abstand r_{ij} anzutreffen, allerdings gibt es z. T. unterschiedliche Bezeichnungsweisen.
16. Die Systeme $CH_4-C_3H_8$ [7], CH_4-N_2 und CH_4-Kr wurden bisher noch nicht mit theoretischen Modellen berechnet.
17. Mit der PERCUS-YEVICK Gleichung wurden nicht so viele Systeme berechnet. Es wurden aber die Fälle mit berücksichtigt, wo die Ergebnisse aus Vorzeichengründen falsch werden müssen.
18. Für das System Ar – Kr lassen sich z. B. verschiedene Modelle mit den Energiefunktionen

$$\delta = \frac{\varepsilon_{jj} - \varepsilon_{ii}}{\varepsilon_0} \qquad \psi = \frac{\varepsilon_{ii} + \varepsilon_{jj} - 2\varepsilon_{ij}}{2\varepsilon_0} - \frac{\delta^2}{8}$$

und der Abstandsfunktion

$$\varphi = \frac{\sigma_{jj}^3 - \sigma_{ii}^3}{2\sigma_0}$$

wie folgt darstellen [26]

RM	G^E/x_1x_2RT	$= 16{,}1\,\psi + 3{,}8\,\delta^2 - 1{,}0\,\varphi + 58{,}0\,\varphi^2$
DPM		$= 16{,}1\,\psi + 3{,}3\,\delta^2 - 0{,}5\,\varphi + 28{,}9\,\varphi^2$
VdW-1LM		$= 16{,}1\,\psi + 3{,}8\,\delta^2 - 8{,}1\,\varphi - 1{,}3\,\varphi^2$
Reg.-Lösung		$= 16{,}1\,\psi + 8{,}6\,\delta^2 - 14{,}8\,\varphi + 8{,}1\,\varphi^2$

Die reguläre Lösung, das Modell von HILDEBRAND [15] ist hier als eine relative grobe, dafür aber rechenbare Näherung nicht weiter behandelt worden.

19. Die Zustandsgleichungen von MANSOORI, CARNAHAN, STARLING, LELAND und von SNIDER/HERRINGTON sind nicht auf n-Flüssigkeitsmodelle zu beziehen. Sie enthalten bereits Mischungsglieder in a und b als den Potentialparametern proportionale Größen.
20. Außerhalb dieser Grenze liegen von den 240 Werten 16 berechnete G^E- bzw. H^E- 19-V^E Werte. Von den letzteren fallen 18 auf die OMCTS-Systeme.
21. $\sigma_{11}/\sigma_{12} = 1{,}1$ entspricht mit Gl. (13) $\sigma_{11}/\sigma_{22} = 1{,}22$,
$\varepsilon_{11}/\varepsilon_{12} = 1{,}1$ mit Gl. (12) $\varepsilon_{11}/\varepsilon_{22} = 1{,}24$.
22. Die Möglichkeit über $\varepsilon_{11}/\varepsilon_{12}$ und σ_{11}/σ_{12} auch ein größeres Gebiet negativer G^E-Werte zu erfassen [8], ist übertrieben. Bei höheren Temperaturen nehmen (X^E/RT) ab [27].
23. „Stark" ist hier auf die zwischenmolekulare Wechselwirkung bezogen.

Literatur

[1] ASTIN, D. K., and I. D. WATSON, Austr. J. Chem. 26, 2071 (1973).
[2] BARKER, J. A., Proc. Roy. Soc. (London) A 259, 442 (1961).
[3] BELLEMANS, A., V. MATHOT u. M. SIMON, Adv. Chem. Phys. **11** 117 (1967).
[4] BITTRICH, H. J., Z. physik. Chem. 235, 1965 (1967).
[5] BITTRICH, H. J., Wiss. Zeitschr. TH „Carl Schorlemmer", Leuna-Merseburg, 17, 24 (1975).
[6] BITTRICH, H. J., u. D. LEMPE, Beispiele und Berechnungen zur chem. Thermodyn. VEB Dt. Verl. d. Wiss., Bln. 1975.
[7] CALADON, J. C. G., G. A. GARCIA, u. L. A. K. STAVELEY, J. Chem. Soc. Farad. Trans. I, 1445 (1974).
[8] DONTH, E., 1. Konferenz „Probleme der Flüssigen Phase" Rostock 1973.
[9] DONTH, E., Chem. Technik, 27, 231 (1975).
[10] FÄNGER, A., Diss. TH Chemie „Carl Schorlemmer" Leuna-Merseburg 1973
[11] FENBY, D. V., u. N. F. PASCO, Aust. J. Chem. 27, 647 (1974).
[12] FENDER, B. E. F., u. G. D. HALSEY, J. Chem. Phys. 36, 1881 (1966).
[13] FLORY, P. I., J. Am. Chem. Soc. 87, 1833 (1965).
[14] GOOD, R. J., u. C. J. HOPE, J. Chem. Phys. 53, 540 (1970); 55, 111 (1971).
[15] HILDEBRAND, J. J., u. R. L. SCOTT, Regular Solutions, Prentice-Hall, Inc. Englewood Cliffs, New Jersey (1962)
[16] HUDSON, G. H., u. J. M. COURBREY, Trans. Farad. Soc. 56, 761 (1960).
[17] KRAMER, H. L., u. D. R. HERSCHBACH, J. Chem. Phys. 53, 2792 (1970).
[18a] LELAND, T. W., J. S. ROWLINSON and G. A. SATHER, Trans. Farad. Soc. 64, 1447 (1968).
[18b] LELAND, T. W., J. S. ROWLINSON, G. A. SATHER and J. D. WATSON, Trans. Farad. Soc. 65, 2034 (1969).
[18c] MANSOORI, G. A, and T. W. LELAND, J. chem. Phys. 53, 1931 (1970)
[19] LEONARD, P. J., D. HENDERSON and A. J. BARKER, Trans. Farad. Soc. 66, 2439, (1970).
[20] MALIJEVSKY, A., u. J. PICK, Coll Czechoslov. Chem. Comm. 36, 2596 (1971).

[21] MANSOORI, G. A., u. T. W. LELAND, J. Chem. Soc. Farad. Trans. II 68, 320 (1972).
[22] MARSH, K. N., M. L. McGLASHAN and CHR. WARR, Trans. Farad. Soc. 66, 2453 (1970).
[23] McDONALD, I. R., Ann. Rep. 69, 75 (1972).
[24] McDONALD, I. R., Molec. Phys. 23, 41 (1972); 24, 391 (1972).
[25] PRIGOGINE, I., A. BELLEMANS u. V. MATHOT, The molecular theory of solutions, North-Holland Publishing Comp. Amsterdam 1957.
[26] SCOTT, R. L., u. D. V. FENBY, Ann. Rev. of phys. Chem. 23, 65 (1972).
[27] SINGER, J. V. L., u. K. SINGER, Molec. Phys. 24, 357 (1972).

Papier | Fördert gute Waldnutzung
FSC® C083411

Kolibri 360 GmbH
Ferdinand-Jühlke-Straße 7
99095 Erfurt, Deutschland
produktsicherheit@kolibri360.de